YAMAMOTO, Noboru 山本 昇

入門 / *Relativity: A Modern Introduction* / 現代の
相対性理論
電磁気学の定式化からのアプローチ

講談社

・本書に掲載されているサンプルプログラムやスクリプト、およびそれらの実行結果や出力などは、著者の手元の計算機環境で得られた一例です。本書の内容に関して適用した結果生じたこと、また、適用できなかった結果について、著者および出版社は一切の責任を負えませんので、あらかじめご了承ください。

・本書に記載されている情報は、2024年6月時点のものです。

・本書に記載されているウェブサイトなどは、予告なく変更されていることがあります。

・本書に記載されている会社名、製品名、サービス名などは、一般に各社の商標または登録商標です。なお、本書では、™、®、©マークを省略しています。

ブックデザイン　桐畑恭子　　カバー図版　㈱さくら工芸社

は　じ　め　に

　この本は、総合研究大学院大学高エネルギー加速器科学研究科（当時）の講義として過去に数回開講した"相対性理論と電気力学"と題した講義のための講義ノートを発展させたものです。加速器科学研究科に進学してこられる方は広い分野にわたっています。なかには電磁気学や特殊相対性理論の基礎に触れる機会を持たれなかった方もいらっしゃるのではということから、この科目が設定されたようです。講義資料の準備には、著者が大学／大学院生の頃から愛読している砂川重信著『理論電磁気学（第3版）』[7] を参考にいたしました。この『理論電磁気学』は理学部向けの電磁気学の教科書として、「見通しよく書かれた」「丁寧に説明された」テキストとして定評のあるものですが、この本では特殊相対性理論と電磁気学の関係に力点を置いて再構成しています。

　電磁気学と特殊相対性理論は、その発展過程において密接な関係がありました。また、電磁場の本質的理解には特殊相対性理論に基づく4次元の時空間と電磁ポテンシャルの概念が必要不可欠なものでした。この本では、この電磁気学と特殊相対性理論の関係に重点を置き、電磁気学が特殊相対性理論抜きでは成り立たないということを意識しながら、執筆しています。

　電磁気学や特殊相対性理論の理解のために、数式を完全に避けることはできません。これらの数式を提示する際には、結果の表示だけでなく、途中の計算の理解もできるように途中経過もできるだけ提示しました。いくつかの計算では、計算過程の理解の一助にと、無償で利用できる数式処理プログラムSageMath を利用した計算過程も示しています。

　特殊相対性理論では、パラドックスと呼ばれる話題がいくつかありますが、この中の二つの話題（"双子のパラドックス"および"棒と穴のパラドックス"）について特殊相対性理論の枠内で矛盾なく理解できることを丁寧に説明しています。

　本書の原稿作成には細心の注意を払いましたが、なお残る誤りの責任は著者にあります。コメント・建設的なご批判をお聞かせいただければ幸いです。

2024 年 7 月　　山　本　昇

CONTENTS

目　　　次

はじめに————iii

● 第1章 ● この本の概要

1

1.1　マクスウェル方程式と特殊相対性理論————1

● 第2章 ● 古典電磁気学とマクスウェル方程式

5

2.1　マクスウェル方程式の物理的意味————6

  2.1.1　電場の定義：ガウスの法則————6
  2.1.2　電荷の保存則————7
  2.1.3　電流と磁場の関係：アンペール-マクスウェルの関係式——8
  2.1.4　ファラデーの電磁誘導の法則————9
  2.1.5　磁荷について————10

2.2　マクスウェル方程式：電磁波の予言————10

● 第3章 ● マクスウェル方程式から特殊相対性理論へ

15

3.1　ニュートンの運動方程式とガリレイの相対性原理——15

  3.1.1　ガリレイの相対性原理————16
  3.1.2　ガリレイ変換とマクスウェル方程式————18
  3.1.3　電磁場などのガリレイ変換————18
  3.1.4　ヘルツの方程式：ガリレイ変換に基づくマクスウェル方程式の
    一般化————19

3.2　アインシュタインの特殊相対性原理 —————— 21

　　3.2.1　光速度不変の原理 ————————————— 21
　　3.2.2　特殊ローレンツ変換 ————————————— 22
　　3.2.3　追記：アインシュタインによるローレンツ変換の導出—— 23

●第4章● 光速度不変の原理とその物理的意味

28

4.1　光速度不変の原理の確認 ————————— 28
4.2　同時の相対性とローレンツ収縮 ——————— 28
4.3　特殊相対性理論での時計の遅れ ——————— 32
4.4　速度の合成 ——————————————— 34

●第5章● ミンコフスキー空間

35

5.1　ミンコフスキー空間と4次元座標 —————— 35

　　5.1.1　4元ベクトルの導入 ————————————— 35

5.2　ミンコフスキー空間とローレンツ変換 ———— 36

　　5.2.1　テンソルの導入 ——————————————— 38

●第6章● マクスウェル方程式の共変性

40

6.1　スカラーポテンシャルとベクトルポテンシャル —— 40

　　6.1.1　4元ベクトルポテンシャルの導入 ———————— 41

CONTENTS

目　　　　次

6.2　試験電荷が電流から受ける力 —————————— 45

● 第7章 ● 電場・磁場の変換規則

50

7.1　復習：ローレンツ共変形式のマクスウェル方程式 —— 52

　　　7.1.1　電場・磁場の成分表示 ———————————————— 53

7.2　電荷の分布と電流の関係 —————————————— 54
7.3　電磁場テンソルの変換規則 ————————————— 55
7.4　移動する荷電粒子の作る電磁場 ——————————— 57
7.5　互いに逆方向に走る逆符号の電荷を持つ点電荷の作る電磁場 ——————————————————————— 61
7.6　完全反対称テンソル ———————————————— 62

　　　7.6.1　ローレンツ群の表現とスピノル場 ————————————— 64
　　　7.6.2　練習問題：一般のローレンツ変換 ———————————— 65

7.7　物質中でのマクスウェル方程式 ——————————— 68
7.8　エネルギー・運動量テンソル ———————————— 69
7.9　エネルギー・運動量の保存則 ———————————— 72

● 第8章 ● 物質中の電磁場とマクスウェル方程式

73

8.1　導体と誘電体、磁性体 ——————————————— 73

　　　8.1.1　分極と電気双極子モーメント ——————————————— 74
　　　8.1.2　空間中に連続して分布する電気双極子 ————————————— 74
　　　8.1.3　電気双極子の電場 ———————————————————— 75
　　　8.1.4　磁化と磁気双極子モーメント ——————————————— 76

8.2 物質中のマクスウェル方程式 —————————— 77

    8.2.1 電気分極と表面電荷 ————————————— 79
    8.2.2 物質中の電磁波の速度 ———————————— 80

8.3 等速運動する物質中の電場／磁場の変換則 ———— 80

● 第 9 章 ● 特殊相対論の実験的検証

85

9.1 フィゾーの実験と速度の合成則 ——————— 86

    9.1.1 フィゾーの実験 ————————————————— 86
    9.1.2 速度の合成則（復習）———————————— 86
    9.1.3 フィゾーの実験の特殊相対性理論による解釈 —— 87

9.2 横ドップラー効果と時計の遅れ —————— 87

    9.2.1 運動する媒質中の光のドップラー効果 ————— 88
    9.2.2 横ドップラー効果 ———————————————— 89

9.3 マイケルソン-モーレー実験 ———————— 90

    9.3.1 地球の移動速度の光速度に対する影響の実験——— 90
    9.3.2 特殊相対性理論で考える（ケネディ-ソーンダイク実験）— 94

● 第 10 章 ● 相対性力学

96

10.1 速度と 4 元速度 ————————————— 97

    10.1.1 4 元速度と 3 次元的速度の関係————————— 98

viii

CONTENTS
目　　　　次

10.2　相対論的運動方程式 ———————— 98
10.3　ローレンツ力 ———————— 100

　　　10.3.1　練習問題 ———————————— 102

● 第11章 ● 電磁場のゲージ変換とゲージ不変性
105

11.1　ゲージ変換 ———————————— 105
11.2　4元波数ベクトルの導入と相対論的ドップラー効果
　　　———————————— 106

● 第12章 ● 変分原理と解析力学
110

12.1　変分原理を使った運動方程式の表現 ————— 110
12.2　ラグランジュ形式と最小作用の原理 ———— 111

　　　12.2.1　作用積分とラグランジアン ——————— 111
　　　12.2.2　最小作用の原理と運動方程式 —————— 111
　　　12.2.3　運動方程式の例 ———————————— 112

12.3　ラグランジアンとネーターの定理 ————— 113

　　　12.3.1　ネーターの定理 ———————————— 113
　　　12.3.2　場の理論におけるネーターの定理 ———— 116

12.4　ハミルトン形式とハミルトニアン ————— 117

　　　12.4.1　正準運動量 ———————————————— 118

12.5　ルジャンドル変換とハミルトニアン ———— 118

12.6	ポアソンの括弧式 ——————————— 119
	12.6.1 相対論的な質点の運動 ——————————— 120

● 第13章 ● 電磁場と変分原理

123

13.1	電磁場のエネルギー・運動量テンソル ——————— 123
	13.1.1 電磁場の作用積分と運動方程式 ——————— 123
	13.1.2 対称エネルギー・運動量テンソル ——————— 123
	13.1.3 エネルギーおよび運動量 ——————————— 124
13.2	電磁場の正準形式 ——————————— 125
13.3	ラグランジアンとゲージ条件 ——————————— 129
	13.3.1 ラグランジュの未定乗数法 ——————————— 129
	13.3.2 電磁場のラグランジアンと未定乗数法 —————— 132
13.4	ルジャンドル変換 ——————————— 133
	13.4.1 ルジャンドル変換と接線の包絡線の関係 ————— 134

● 第14章 ● 運動する点電荷の作る電磁場： リエナール–ウィーヘルトポテンシャル

137

14.1	グリーン関数 ——————————— 137
14.2	ゲージ条件の確認 ——————————— 142
14.3	グリーン関数を用いたリエナール–ウィーヘルトポテンシャルの導出 ——————————— 143

x

CONTENTS
目　　　　次

14.4　リエナール‐ウィーヘルトポテンシャルの物理的意味
――――― 145

14.5　一様速度で動く点電荷の作るポテンシャル ――― 145

● 第15章 ● 特殊相対性理論の理解を深める
149

15.1　双子のパラドックス（ランジュバンの旅行者）―― 149

15.1.1　双子のパラドックスとは？ ――――――――― 149
15.1.2　特殊相対性理論での定加速度運動 ――――― 151
15.1.3　運動する質点の固有時刻 ――――――――― 153
15.1.4　出発時の速度と時間経過および移動距離 ―― 156
15.1.5　それぞれの観測者からみた時間の経過 ――― 157
15.1.6　ロケットの瞬時静止座標系 ――――――― 162

15.2　棒と穴のパラドックス ―――――――――― 166

15.2.1　問題の定式化 ――――――――――――― 167
15.2.2　座標系の間の関係 ―――――――――――― 168
15.2.3　基準となる観測者（X_C）――――――――― 170
15.2.4　穴と一緒に移動する観測者（X_H）――――― 171
15.2.5　棒と一緒に移動する観測者（X_R）――――― 173

付録
176

A　ベクトル演算の公式 ―――――――――――― 176

A.1　ベクトルの外積 ―――――――――――――― 176
A.2　微分演算子 ――――――――――――――――― 177

B   SageManifold/SageMath ——————— 177

   B.1 SageMath/SageManifolds/Jupyter/JupyterLab の入手
   ————————————————————————————————————— 178

C   **練習課題** ————————————————————————— 179

   C.1 練習課題のヒント ——————————————————— 180

参考文献 ————— 184
索引 ——————— 186

第 1 章

この本の概要

アルベルト・アインシュタイン（1879–1955）の特殊相対性理論 [1] は、"互いに等速度運動をする座標系の等価性"（**特殊相対性原理**）と "光の速度は観測者の速度にかかわらず一定であること"（**光速度不変の原理**）から、それまでの常識に反する様々な結論を導き出しました。それらの結論はその後の様々な実験で検証され、現代の物理学の基礎理論の一つとなっています。

物理学研究の歴史を振り返ると、アインシュタインの特殊相対性理論は突然現れたわけではなく、それに先立って完成された電磁気学の成功とその電磁気学とニュートン力学の不整合の問題［第3.1.3節］についての多くの研究の先に生まれたものだということがわかります。

この本では、このマクスウェル方程式と特殊相対性理論の関係に着目しながら、マクスウェル方程式に基づいた電磁気学と特殊相対性理論を学んでいきたいと思います。

1.1　マクスウェル方程式と特殊相対性理論

1864 年、ジェームズ・クラーク・マクスウェル（1831–1879）はそれまでに明らかになっていた電磁気現象についてのいくつかの法則：

- **アンペールの法則** (1820)、［第2.1.3節］
- **ファラデーの電磁誘導の法則** (1831)、［第2.1.4節］
- **ガウスの法則** (1835)［第2.1.1節］

を統合した一組の方程式、**マクスウェル方程式**［第2章］を提出しました。マクスウェルはこの方程式を基に：

- 電磁波が存在すること、
- またその速度が光速度と一致すること

を示しました［第2.2節］。これらのことから、このマクスウェルの方程式は電磁気理論の基礎として受け入れられていきます。

ただ、マクスウェル方程式は、力学の基礎と考えられていたニュートンの運動方程式とは異なり、ガリレイ変換に対する不変性を持ちません。このことが当時の物理学者の頭を悩ませました［第3.1.3節］。この頃すでに、マクスウェル方程式は現在ローレンツ変換［第3.2.2節］と呼ばれている線形の座標変換によって不変であることも示されていましたが、その物理的な解釈には困難が残っていました［第7章］。

ある意味で、当時の物理学者たちは、

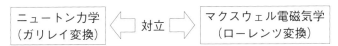

の食い違いを、電磁気学（マクスウェル方程式）の側から解決しようとしていたと言えるでしょう。

アインシュタインはその特殊相対性理論の中で、この立場を超えて（あるいは逆転して）、

- 光速度は観測者の立場によらず一定である（光速度不変の原理）
- 物理法則は観測の立場によらない（特殊相対性原理：物理法則の共変性）

を第一原理として採用すべきであることを主張しました。図式的に言えば、

ということです。

アインシュタインの特殊相対性理論は、それまでに明らかになっていた実験的事実：

- マクスウェル方程式が現実の物理現象をよく説明すること［第2.1節］や、
- マイケルソン–モーレーの実験による光速度が観測者の速度によらないことの実証［第9.3節］、

などを基にしています。しかし、特殊相対性理論はそれだけにとどまらず、

- 相対論的なドップラー効果や横ドップラー効果［第9.2節］の観測
- 高エネルギーの素粒子の平均寿命の測定

などの現象によって、実験的にも実証されています［第9章］。

　アインシュタインはローレンツ変換の物理的本質が"光速度不変の原理"にあることを見抜き、全体を見通しよく整理してくれたということができるでしょう。

　特殊相対性理論は時間と空間というそれまで全く別のものと考えられてきたものが、実は一つのミンコフスキー空間［第5章］として捉えるべき物理的実体であることを教えてくれました。それはまた、それまで独立な物理量と考えられてきた電場と磁場が実は同じ物理量を異なった立場で観測することによって混じりあうことを教えてくれます［第7章］。ベクトルポテンシャル［第11章］の導入によって、電場と磁場の関係はより明らかになります※1。

　アインシュタインの特殊相対性理論は、ニュートンの運動方程式をローレンツ変換に対して共変な運動方程式に拡張することを要求します［第10章］。この本では、特殊相対性理論の枠組みの中で、この相対論的な運動方程式に基づく定加速度運動［第15.1.2節］を考えてみます。この定加速度運動を調べることで、加速度運動系での運動方程式は特殊相対性理論が対象とする慣性系の運動方程式とは異なることがわかります。この定加速度運動を正しく理解することで、「双子のパラドックス」と呼ばれる現象が矛盾なく説明されることを確認しましょう［第15.1.1節］。

　アインシュタインはこの本で紹介した特殊相対性理論を拡張した一般相対性理論を1915年に提出しました。一般相対性理論では、一般座標変換に対して共変的な運動方程式を導入することで、加速度運動を含む全ての現象を統一的に記述できます。さらに、重力が空間の歪みの効果として理解できることを一般相対性理論は示しました。これにより、それまでは経験則として理解する他はなかった、慣性質量と重力質量の同等性が自然に導かれることを意味してい

※1 …… ベクトルポテンシャルの考え方はその後より一般的なゲージ理論へと発展し [2]、強い相互作用（核力）や弱い相互作用など素粒子間の力の理論に繋がっています。

ます[2]。「双子のパラドックス」の議論で導かれた加速度系の時計の遅れの現象は、一般相対論では重力の効果として自然に説明されます。

　一般相対性理論については、数多くの良書[3]が出版されています。興味のある方は、ぜひ挑戦していただきたいと思います。

---

[2] ⋯⋯ 一般相対性理論は、ローレンツ変換群をゲージ群とするゲージ理論として捉え直すこともできます。この考え方をより発展させた超対称性理論も活発に研究されています。

[3] ⋯⋯ ここでは、SageManifolds の開発者である Éric Gourgoulhon 氏の著書 *Special Relativity in General Frames: From Particles to Astrophysics* [3] を一例に挙げておきます。その他にも良書は数多くあります。

5

● 第 2 章 ●

古典電磁気学とマクスウェル方程式

1864 年にマクスウェルは、紀元前から積み上げられてきた電気／磁気に関する物理法則を一組の方程式にまとめることに成功します。このマクスウェル方程式は現在の電磁気学の基本方程式となっています。この章ではマクスウェル方程式を解説します。

マクスウェル方程式では、**電荷** $\rho(x,t)$ や**電流** $\mathbf{j}(x,t)$ によって周りの空間に**電場**および**磁場**が作り出され、これらの**電磁場**が力を伝えると考えます。この様な力の考え方は現代の素粒子の標準理論の基礎であるゲージ理論へと繋がる考え方になっています。

空間の各点でのこれらの電磁場を表す物理量として電場の強さ $\mathbf{E}(x,t)$ および磁束密度 $\mathbf{B}(x,t)$ を導入します。これらの電磁場は、空間の各点毎に大きさと方向を持った量、つまりベクトル場として表現されます。

これらの物理量、電荷：$\rho(x,t)$、電流：$\mathbf{j}(x,t)$、電場：$\mathbf{E}(x,t)$、磁束密度：$\mathbf{B}(x,t)$ を使って、**マクスウェル方程式（真空中のマクスウェル方程式）** は、

$$\begin{cases} \varepsilon_0 \boldsymbol{\nabla} \cdot \mathbf{E} = \rho \\ \dfrac{1}{\mu_0} \boldsymbol{\nabla} \times \mathbf{B} - \varepsilon_0 \dfrac{\partial \mathbf{E}}{\partial t} = \mathbf{j} \\ \boldsymbol{\nabla} \cdot \mathbf{B} = 0 \\ \boldsymbol{\nabla} \times \mathbf{E} + \dfrac{\partial \mathbf{B}}{\partial t} = 0 \end{cases} \tag{2.1}$$

と表されます。ここで、ε_0 および μ_0 は真空の誘電率および透磁率と呼ばれる物理定数です[※1]。また、$\boldsymbol{\nabla} \equiv (\frac{\partial}{\partial x}, \frac{\partial}{\partial y}, \frac{\partial}{\partial z})$ はベクトル微分演算子（ナブラ記

[※1] …… 国際単位系（SI）[5] での電荷の単位の定義が、平行な電流の間に働く力に基づく定義から、電気素量（$e = 1.602\,176\,634 \times 10^{-19}$ [C]）を定義とすることに変わったこと（2018）によって、以前の $\mu_0 = 4\pi \times 10^{-7} = 12.5663706144\cdots \times 10^{-7}$ から現在の値に変っています。

6 第 2 章 古典電磁気学とマクスウェル方程式

号)※2です。

2.1 マクスウェル方程式の物理的意味

　先ほども述べたように、マクスウェル方程式はそれまでに知られていた電気、磁気についての物理法則をまとめたものです。この章では、それらの物理法則とマクスウェル方程式の関係を見ていきましょう。

2.1.1 電場の定義：ガウスの法則

　マクスウェル方程式の第 1 式

$$\varepsilon_0 \boldsymbol{\nabla} \cdot \mathbf{E} = \rho \tag{2.2}$$

を積分形式で書き直してみましょう。この式の両辺をある閉領域 V で積分したものを考えます。この時左辺は発散定理（ガウスの定理、2 次微分形式についての一般化されたストークスの定理）により、この体積（V）を囲む閉曲面（$S = \partial V$）についての電場ベクトルの面積分に書き換えられます。

　その結果、式 (2.2) は、

$$\varepsilon_0 \int_{\partial V} dS\, \mathbf{E} \cdot \mathbf{n} = \int_V dV\, \rho \tag{2.3}$$

となります。この式は、ある閉曲面（$S = \partial V$）での法線方向の電場の積分は、その閉曲面で囲まれた領域 V の中に含まれる電荷の総量に等しいことを表現しています（**ガウスの法則**）。

真空の誘電率 $\varepsilon_0 = 8.854\,187\,812\,8(13) \times 10^{-12}\,\mathrm{F/m}$

真空の透磁率 $\mu_0 = 1.256\,637\,062\,12(19) \times 10^{-6}\,\mathrm{N \cdot A^{-2}}$

光速度 $c = 299\,792\,458\,\mathrm{m/sec}$ [SI 定義値]

※2 …… ベクトル微分演算子（ナブラ記号 $\boldsymbol{\nabla}$）はスカラー関数に作用させた時、勾配（grad）、$\boldsymbol{\nabla} f \equiv \operatorname{grad} f$ と表されます。その結果 $\boldsymbol{\nabla} f$ はベクトルを値とする関数です。また、ベクトル関数との内積を取った時は div（発散）、$\boldsymbol{\nabla} \cdot \mathbf{V} \equiv \operatorname{div} \mathbf{V}$、外積 × をとった時には rot あるいは curl（回転）の表記を使うこともあります、$\boldsymbol{\nabla} \times \mathbf{V} \equiv \operatorname{rot}(\mathbf{V}) = \operatorname{curl}(\mathbf{V})$。

静的な球対象電荷分布の作る電場

　特に静止している点電荷 Q を中心に持つ半径 R の球面を考えると、対称性から考えてその表面上の電場の法線成分 E_r は球面上ではどこでも同じ値、E_r を持つと考えてよいでしょう。ガウスの法則（式 (2.2)）から、これに球面の面積 $(4\pi R^2)$ をかけたものが、この球の中の総電荷量 Q に比例します。これにより、E_r は、

$$E_r = \frac{1}{4\pi\varepsilon_0}\frac{Q}{R^2}$$

と定まります。

　電場の定義から、この球面上に試験電荷 q を置くと、この試験電荷には、法線方向に：

$$F_r = q\,E_r = \frac{1}{4\pi\varepsilon_0}\frac{q\,Q}{R^2} \tag{2.4}$$

の力が働きます。これはよく知られた二つの静電荷に働く力についての**クーロンの法則**そのものです。

2.1.2　電荷の保存則

　マクスウェル方程式には、電場、磁場を生み出す源として電荷密度（ρ）および電流密度（$\mathbf{j}$）が現れます。さまざまな実験から、電流は電荷の移動（あるいは移動する電荷）であって、その総量は保存することがわかっています。つまり、ある閉領域 V に含まれている電荷の総量の変化は、その領域に流れ込む（あるいは流れ出す）電流の総和に等しいということです。これを数学的に表現した次の式は、電荷–電流の**連続方程式**あるいは**電荷の保存則**と呼ばれます。

$$\frac{\partial}{\partial t}\int_V \rho dV + \int_{S=\partial V}\mathbf{j}\cdot\mathbf{n}dS = 0 \tag{2.5}$$

微分型で表現すれば、

$$\frac{\partial\rho}{\partial t} + \boldsymbol{\nabla}\cdot\mathbf{j} = 0 \tag{2.6}$$

です。この電荷の保存則は、マクスウェル方程式には露わには含まれていませんが、次の節で見るように、マクスウェル方程式が成り立つための必要条件あ

るいは前提条件となっています。

2.1.3 電流と磁場の関係：アンペール–マクスウェルの関係式

アンドレ・マリ・アンペール（1775–1936）は、電流 $\mathbf{I}$ が磁束密度 $\mathbf{B}$ の磁場の中を流れる時、電流が単位長さあたりに受ける力 $\mathbf{F}$ が、

$$\mathbf{F} = \mathbf{I} \times \mathbf{B} \tag{2.7}$$

であることを見出しました（**アンペールの力**）。

また、アンペールは定常電流がその周りに磁場を作ることも発見しました。アンペールの見出した定常電流とそれによって作り出される磁束密度 $\mathbf{B}$ の関係は、

$$\oint_{C=\partial S} \mathbf{B}(\mathbf{r}) \cdot \mathbf{dr} = \mu_0 \int_S \mathbf{j} \cdot \mathbf{d}S \tag{2.8}$$

あるいは微分形を使って

$$\frac{1}{\mu_0} \boldsymbol{\nabla} \times \mathbf{B}(\mathbf{r}) = \mathbf{j} \tag{2.9}$$

でした。この後者の式の両辺の発散（$\boldsymbol{\nabla}\cdot$）を考えてみましょう。任意のベクトル値関数 $\mathbf{V}$ に対して、恒等式 $\boldsymbol{\nabla} \cdot (\boldsymbol{\nabla} \times \mathbf{V}) = 0$ が成り立つことを使うと、

$$0 = \boldsymbol{\nabla} \cdot \mathbf{j}$$

となります。電荷の保存則（式 (2.6)）を考慮するとアンペールの見出した関係式は、電荷の分布が定常である場合（$\frac{\partial \rho}{\partial t} = 0$）に成り立つ式であるということがわかります。そこで、マクスウェルはアンペールの関係式を拡張した、

$$\frac{1}{\mu_0} \boldsymbol{\nabla} \times \mathbf{B} - \varepsilon_0 \frac{\partial \mathbf{E}}{\partial t} = \mathbf{j} \tag{2.10}$$

をマクスウェル方程式（式 (2.1)）に導入しました。この式は**アンペール–マクスウェルの関係式**と呼ばれることもあります。左辺の第2項があることで、この式の両辺の発散 $\boldsymbol{\nabla}\cdot$ は：

$$0 - \varepsilon_0 \frac{\partial \boldsymbol{\nabla} \cdot \mathbf{E}}{\partial t} = \operatorname{div} \mathbf{j} \tag{2.11}$$

となります。ここで、$\varepsilon_0 \boldsymbol{\nabla} \cdot \mathbf{E} = \rho$ であることを用いると：

$$-\frac{\partial \rho}{\partial t} = \mathrm{div}\,\mathbf{j} \tag{2.12}$$

となって、電荷の保存則に帰着されることがわかります。このようにアンペール–マクスウェルの関係式は定常電流に対して導かれたアンペールの関係式を、時間的に変化する電流および電荷分布のある場合へ自然に拡張したものです。

式 (2.10) の左辺第 2 項を右辺に移項すると：

$$\frac{1}{\mu_0}\boldsymbol{\nabla} \times \mathbf{B} = \mathbf{j} + \varepsilon_0 \frac{\partial \mathbf{E}}{\partial t}$$

と書き直されて、右辺第 2 項の $\varepsilon_0 \frac{\partial \mathbf{E}}{\partial t}$ が電流 $\mathbf{j}$ と同じように磁場を発生させると見ることもできます。このことから、この項を変位電流と呼ぶことがあります。

2.1.4 ファラデーの電磁誘導の法則

電気導線を螺旋状に巻き上げたソレノイドの中の磁場を変化させるとソレノイドの両端に電圧が発生する電磁誘導の現象は、**ファラデーの電磁誘導の法則**として定式化されています。

ファラデーの電磁誘導の法則は、一つのコイルの両端に発生する電圧 (V) とコイルを貫く磁束（Φ）の時間変化には、

$$V = \oint_C \mathbf{E} \cdot d\mathbf{s} = -\frac{d\Phi}{dt}$$

という関係が成り立つことを示しています。

ソレノイド（C）を貫く磁束は磁束密度を使って、

$$\Phi = \int_S \mathbf{B} \cdot \mathbf{S}$$

ですから、ストークスの定理を使うと、

$$\boldsymbol{\nabla} \times \mathbf{E} = -\frac{\partial \mathbf{B}}{\partial t}$$

と書き表すことができます。これはマクスウェル方程式 (2.1) の第 4 式に他なりません。

10 第2章 古典電磁気学とマクスウェル方程式

2.1.5 磁荷について

さて、最後に残ったマクスウェルの方程式 $\mathrm{div}\,\mathbf{B} = 0$ は、どんな3次元空間中の閉曲面 S をとっても、その領域から出ていく磁力線の総和は0となることを示しています。これは、磁場には電場の電荷に対応する磁場を作り出す単極の磁荷（磁気単極子）が存在しないという事実を表現しています。

これまで磁石としては常にN極とS極の両極を備えたものだけが知られており、N極だけの磁石あるいはS極だけの磁石、あるいはそんな磁場を生み出す源となる磁荷は観測されたことはありません[3]。

2.2 マクスウェル方程式：電磁波の予言

いま見てきたように、マクスウェル方程式は、それまでに知られていた電場・磁場についての法則（ガウスの法則、クーロンの法則、アンペールの法則、ファラデーの法則）を自然に統一してまとめ上げたものです。このマクスウェル方程式から導き出される電磁波の存在の予言は、マクスウェル方程式の重要な結論です。マクスウェル方程式から電磁波の存在が導かれることを、次に見ていきましょう。

いま、真空中に電磁場を生み出す源である電荷 ρ も電流 $\mathbf{j}$ も存在しない（$\rho = 0,\ \mathbf{j} = \mathbf{0}$）場合を考えてみます。

この時、マクスウェル方程式は、

$$\begin{cases} \varepsilon_0 \boldsymbol{\nabla} \cdot \mathbf{E} = 0 \\[2mm] \dfrac{1}{\mu_0} \boldsymbol{\nabla} \times \mathbf{B} - \varepsilon_0 \dfrac{\partial \mathbf{E}}{\partial t} = \mathbf{0} \\[2mm] \boldsymbol{\nabla} \cdot \mathbf{B} = 0 \\[2mm] \boldsymbol{\nabla} \times \mathbf{E} + \dfrac{\partial \mathbf{B}}{\partial t} = \mathbf{0} \end{cases} \tag{2.13}$$

となります。

---

[3] …… 磁気単極子の存在の可能性については、現在も研究が継続されていますが、その存在は未だ実験的に確認されていません。

2.2 マクスウェル方程式：電磁波の予言　　　　　11

この式 (2.13) の第 4 式の回転 ($\boldsymbol{\nabla} \times$) と第 2 式の時間微分 ($\frac{\partial}{\partial t}$) は、それぞれ

$$\boldsymbol{\nabla} \times (\boldsymbol{\nabla} \times \mathbf{E}) + \frac{\partial}{\partial t} \boldsymbol{\nabla} \times \mathbf{B} \quad = \mathbf{0}\,,$$

$$\frac{1}{\mu_0} \boldsymbol{\nabla} \times \frac{\partial}{\partial t} \mathbf{B} - \varepsilon_0 \frac{\partial^2 \mathbf{E}}{\partial t^2} \quad = \mathbf{0}\,,$$

です。この二つの式から、磁場（$\mathbf{B}$）を消去すると、

$$\boldsymbol{\nabla} (\boldsymbol{\nabla} \cdot \mathbf{E}) - \nabla^2 \mathbf{E} + \mu_0 \varepsilon_0 \frac{\partial^2 \mathbf{E}}{\partial t^2} = 0$$

が導かれます。ここで、ベクトル解析の公式、

$$\boldsymbol{\nabla} \times (\boldsymbol{\nabla} \times \mathbf{V}) = \boldsymbol{\nabla} (\boldsymbol{\nabla} \cdot \mathbf{V}) - \nabla^2 \mathbf{V}$$

を使いました。また、$\nabla^2 = \frac{\partial^2}{\partial x^2} + \frac{\partial^2}{\partial y^2} + \frac{\partial^2}{\partial z^2}$ はラプラシアン演算子です。

さらにマクスウェル方程式の第 1 式 $\boldsymbol{\nabla} \cdot \mathbf{E} = 0$ を代入することで、

$$\frac{1}{v_0^2} \frac{\partial^2 \mathbf{E}}{\partial t^2} - \nabla^2 \mathbf{E} = 0$$

が導かれます。定数 v_0 は真空の誘電率と透磁率から、$v_0^2 \equiv \frac{1}{\varepsilon_0 \mu_0}$ と定義しました。磁場についても全く同様の形式の

$$\frac{1}{v_0^2} \frac{\partial^2 \mathbf{B}}{\partial t^2} - \nabla^2 \mathbf{B} = 0$$

が成り立つことがわかります。

この方程式の解の形を、定数ベクトル $\mathbf{E}_0, \mathbf{B}_0, \mathbf{k}$ および定数 ω を使って

$$\mathbf{E}(\mathbf{x}, t) = \mathbf{E}_0 e^{i(\omega t - \mathbf{k} \cdot \mathbf{x})}$$
$$\mathbf{B}(\mathbf{x}, t) = \mathbf{B}_0 e^{i(\omega t - \mathbf{k} \cdot \mathbf{x})} \tag{2.14}$$

と仮定してみます。この解は座標と時間について $f(\mathbf{x}, t) = f(\omega t - \mathbf{k} \cdot \mathbf{x})$ の依存性を持ちますから、$\mathbf{k}$ の方向に進む平面波を表していることがわかります。

マクスウェル方程式 (2.13) に、解を代入すると、

$$-i\mathbf{k} \cdot \mathbf{E}_0 e^{i(\omega t - \mathbf{k} \cdot \mathbf{x})} \qquad\qquad = 0$$

$$-i\mathbf{k} \times \mathbf{B}_0 e^{i(\omega t - \mathbf{k} \cdot \mathbf{x})} + \frac{1}{v_0^2} i\omega \mathbf{E}_0 e^{i(\omega t - \mathbf{k} \cdot \mathbf{x})} \qquad\qquad = 0$$

$$-i\mathbf{k} \cdot \mathbf{B}_0 e^{i(\omega t - \mathbf{k} \cdot \mathbf{x})} \qquad\qquad\qquad = 0$$

$$-i\mathbf{k} \times \mathbf{E}_0 e^{i(\omega t - \mathbf{k} \cdot \mathbf{x})} - i\omega \mathbf{B}_0 e^{i(\omega t - \mathbf{k} \cdot \mathbf{x})} \qquad = 0$$

より、

$$\mathbf{k} \cdot \mathbf{E}_0 \qquad\qquad = 0$$

$$\mathbf{k} \cdot \mathbf{B}_0 \qquad\qquad = 0$$

$$\mathbf{k} \times \mathbf{B}_0 - \frac{1}{v_0^2}\omega \mathbf{E}_0 \quad = 0$$

$$\mathbf{k} \times \mathbf{E}_0 + \omega \mathbf{B}_0 \qquad = 0$$

が満たすべき条件となります。これから、定数ベクトル $\mathbf{E}_0, \mathbf{B}_0, \mathbf{k}$ および定数 ω が

$$\omega^2 - v_0^2 \mathbf{k} \cdot \mathbf{k} \quad = 0$$

$$\mathbf{k} \cdot \mathbf{E}_0 \qquad\quad = 0$$

$$\mathbf{B}_0 \qquad\qquad = -\frac{1}{\omega}\mathbf{k} \times \mathbf{E}_0$$

を満たす時、式 (2.14) がマクスウェル方程式の解となることがわかります。

　つまり、**電荷・電流が存在しない真空中でも電場・磁場は電磁波として存在する**ことができ、その電磁波は

- 角振動数と波数ベクトルは分散関係、$\omega = v_0|\mathbf{k}|$ を持つ、
- その電場 ($\mathbf{E}_0$)、磁場 ($\mathbf{B}_0$) はいずれもその平面波の進行方向 ($\mathbf{k}$) と直交している、
- 電場と磁場もお互いに直交している、

という性質を持っていることが導かれます。

　この平面波の速さ (v) は、

$$v = \frac{\omega}{\sqrt{\mathbf{v} \cdot \mathbf{v}}} = v_0 \tag{2.15}$$

です。

　この電磁波の速度 v_0 は：

- 真空の誘電率 $\varepsilon_0 = 8.854\,187\,812\,8(13) \times 10^{-12}$ $[\mathrm{F \cdot m^{-1}}]$、
- 真空の透磁率 $\mu_0 = 12.566\,370\,6212(19) \times 10^{-7}$ $[\mathrm{N \cdot A^{-2}}]$[p.5,1]、

を用いて、

$$v_0 = \frac{1}{\sqrt{\varepsilon_0 \mu_0}} = 299\,792\,458.00(05) \ [\mathrm{m/s}]$$

と求められます。現在のSI単位系では、光の速度（c）は

$$c = 299\,792\,458 \ [\mathrm{m/s}]$$

と定義されていますので、電磁波の速度は光の速度と一致しています[4]。

真空の誘電率は電荷の間に働く力などを測定することで、光の速度とは関係なく測定可能な量です。また真空の透磁率も電流とそれによって作られる磁場の強さの関係から定まっています。

このように全く関係がないと思われていた光の速度が、電磁気現象の法則に基づくマクスウェル方程式の予言する電磁波の速度とよく一致することから、マクスウェルは光が電磁波であることを唱えました。

以下の1865年の論文 "A Dynamical Theory of the Electromagnetic Field" からの引用 [4] に示すように、電磁波は横波で二つの独立な振動成分を持つことが光の偏光に対応していることもマクスウェルは指摘しています。

> The agreement of the results seems to show that light and magnetism are affections of the same substance, and that light is an electromagnetic disturbance propagated through the field according to electromagnetic laws. [Page 499]
>
> 結果の一致は、光と磁気は同じ要素からなっており、光は電磁気学の法則に従って空間を伝わっていく電磁気的な変動であることを示しているようである。

---

[4] …… "A Dynamical Theory of the Electromagnetic Field" [4] では、電磁気現象の測定から導かれる電磁波の速度として、$v_0 = 310\,740\,000$ $[\mathrm{m/s}]$（ウェーバーとコールラウシュ）が示されています。またその当時の光速度測定の結果として、$314\,858\,000$ $[\mathrm{m/s}]$（フィゾー）、$298\,000\,000$ $[\mathrm{m/s}]$（フーコー）、$308\,000\,000$ $[\mathrm{m/s}]$（収差と地球半径の補正後の値）が示されています。

Hence electromagnetic science leads to exactly the same conclusions as optical science with respect to the direction of the disturbances which can be propagated through the field; both affirm the propagation of transverse vibrations, and both give the same velocity of propagation. On the other hand, both sciences are at a loss when called on to affirm or deny the existence of normal vibrations. [Page 501]

したがって空間を伝わっていく変動の方向について電磁気の科学と光学とは完全に同じ結論を導き出す。二つの理論はどちらも横振動が伝わっていくこと、そしてその速度が同じであることを確定する。一方で二つの理論は縦方向の振動の存在の可否については一致した結論を与えていない。

　このように、マクスウェル方程式はそれまでに知られた電磁気現象の全ての法則をカバーし、かつ電磁波が存在して、光がその電磁波であることを示しました。これによって、マクスウェル方程式は電磁気学の基礎理論として受け入れられましたが、一方でその発表当時の力学の基礎理論であるニュートン力学との統合に問題がありました。

　次章では、マクスウェル方程式とニュートン力学の関係を見ていきましょう。

●　第3章　●

マクスウェル方程式から特殊相対性理論へ

　20世紀に確立された現代物理学の基盤は特殊相対性理論と量子力学です。この章ではアインシュタインによって確立された特殊相対性理論とマクスウェル方程式の関係について説明します。

　マクスウェルの電磁場方程式の成功は、それが予言する電磁場を伝える仮想的な存在であるエーテルを発見しようとする多様な実験を出現させました。これらのエーテル存在証明の試みは、様々な仮説を引き出しましたが、十分に満足な説明はアインシュタインによる特殊相対性理論を待たなければなりませんでした。

　この章では、ニュートンの運動方程式では成り立っていたガリレイの相対性原理が、マクスウェル方程式の登場によってアインシュタインの特殊相対性理論に発展していった経緯について学びます。

3.1　　ニュートンの運動方程式とガリレイの相対性原理

　19世紀後半の物理学者はニュートン力学 (1687) とマクスウェル方程式 (1864) による電磁気学の両立に頭を悩ませていました。この問題を現在の視点で述べると、ニュートン力学はガリレイの相対原理を満たしていますが、マクスウェル方程式はガリレイ変換に対して**共変ではない**ということです。マクスウェル方程式がガリレイの相対原理を満たすようにマクスウェル方程式に変更を加える必要があると当時の物理学者は考えていました。しかし、様々な実験は変更前のマクスウェル方程式を支持するという結果を示していました。この問題は、アインシュタインが提唱した特殊相対性理論によって「修正を受けるのはニュートンの力学であって、マクスウェル方程式ではない」ことが示されて解決しました。

続く節ではニュートン力学でのガリレイの相対性原理と（当時の物理学者達が考えていた）ガリレイの相対性原理を満たすのに必要なマクスウェル方程式への変更について説明します。

3.1.1 ガリレイの相対性原理

ガリレイの相対原理は、全ての等速度運動している座標系は等価であることを要求します。すなわち、「等速運動している座標系では座標系によらず、同形式の物理法則が成立すること（**共変性**）」を要求します。

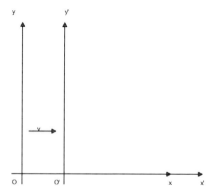

図 3.1 お互いに速度 v で運動している座標系の関係。お互いの原点が一致する時刻をそれぞれの時間軸の原点 ($t = t' = 0$) とします。

実際、ニュートンの運動方程式：

$$m\frac{d^2x}{dt^2} = f, \tag{3.1}$$

はガリレイ変換：

$$\begin{cases} x' = x - vt, \\ t' = t, \end{cases} \\ \begin{cases} x = x' + vt', \\ t = t', \end{cases} \tag{3.2}$$

に対して不変です。これは次のようにして確認できます。

3.1 ニュートンの運動方程式とガリレイの相対性原理 17

運動している粒子の位置を二つの座標系で観測した時の座標値、$x_p(t)$ および $x_p{}'(t)$、を考えます。これらの座標の関係は**ガリレイ変換**で関係づけられます。この変換則の下で、速度および加速度は次のように変換されます。

$$x_p{}'(t') = x_p(t) - vt \, ,$$

$$\frac{dx_p{}'(t')}{dt'} = \frac{dt}{dt'}\frac{d}{dt}\left(x_p(t) - vt\right)$$

$$= \frac{dx_p(t)}{dt} - v \, ,$$

$$\frac{d^2 x_p{}'(t')}{dt'^2} = \frac{d}{dt}\left(\frac{dx_p(t)}{dt} - v\right)$$

$$= \frac{d^2 x_p}{dt^2} \, , \tag{3.3}$$

ですから、二つの系で運動方程式は同じ形となります[※1]。

$$m\frac{d^2 x_p(t)}{dt^2} = f \, ,$$

$$m\frac{d^2 x_p'(t')}{dt'^2} = f \, .$$

ところが、マクスウェルによる電磁気の基礎方程式：

$$\begin{cases} \varepsilon_0 \boldsymbol{\nabla} \cdot \mathbf{E} = \rho \\[2mm] \dfrac{1}{\mu_0}\boldsymbol{\nabla} \times \mathbf{B} - \varepsilon_0 \dfrac{\partial \mathbf{E}}{\partial t} = \mathbf{j} \\[2mm] \boldsymbol{\nabla} \cdot \mathbf{B} = 0 \\[2mm] \boldsymbol{\nabla} \times \mathbf{E} + \dfrac{\partial \mathbf{B}}{\partial t} = \mathbf{0} \end{cases} \tag{3.4}$$

は、互いに等速運動をする座標系（慣性系）の間の座標変換が上記のガリレイ変換だとすると、これに対して共変的ではありません［x 系の諸量で書き下した方程式と x′ 系の諸量で書き下した方程式が同じ形にはならないということです（式 (3.9) ヘルツの方程式参照)］。

つまり、座標およびベクトル場がガリレイ変換に従うとして変換を行うと、変換後の電磁場の方程式は、速度を陽に含んだ異なる式になってしまいます。

[※1] …… なお、ここでは暗黙的に力 f の変換が $f' = f$ であること使っています。

18   第3章 ● マクスウェル方程式から特殊相対性理論へ

3.1.2 ガリレイ変換とマクスウェル方程式

ガリレイ変換に対して、マクスウェル方程式がどのように変換されるか、考えて見ましょう。計算を簡単にするために $\mathbf{v} = \left(v_x, 0, 0 \right)$ として、各成分ごとに計算すればよいでしょう[2]。

以下の計算で必要となるいくつかの公式をまとめておきます。

微分についての公式：

x 方向へ並進については、ガリレイ変換を使うと、

$$\begin{cases} \dfrac{\partial}{\partial t'} = \dfrac{\partial x}{\partial t'} \dfrac{\partial}{\partial x} + \dfrac{\partial t}{\partial t'} \dfrac{\partial}{\partial t} = +v \dfrac{\partial}{\partial x} + \dfrac{\partial}{\partial t} \\[2mm] \dfrac{\partial}{\partial x'} = \dfrac{\partial x}{\partial x'} \dfrac{\partial}{\partial x} + \dfrac{\partial t}{\partial x'} \dfrac{\partial}{\partial t} = \dfrac{\partial}{\partial x} \\[2mm] \dfrac{\partial}{\partial y'} = \dfrac{\partial}{\partial y}, \quad \dfrac{\partial}{\partial z'} = \dfrac{\partial}{\partial z} \end{cases} \tag{3.5}$$

となります。一般の並進 $\mathbf{v}$ については、

$$\begin{cases} \dfrac{\partial}{\partial t'} = \dfrac{\partial}{\partial t} + \mathbf{v} \cdot \boldsymbol{\nabla}, \\[2mm] \dfrac{\partial}{\partial x'} = \dfrac{\partial}{\partial x}, \quad \dfrac{\partial}{\partial y'} = \dfrac{\partial}{\partial y}, \quad \dfrac{\partial}{\partial z'} = \dfrac{\partial}{\partial z} \end{cases} \tag{3.6}$$

となります。

3.1.3 電磁場などのガリレイ変換

マクスウェル方程式のガリレイ変換を計算する前に、ガリレイ変換によって、電場、磁場、荷電分布および電流がどのように変換されるのかを知らなければなりません。

ここでは、電磁場と荷電分布および電流については二つの系での量の間に、

---

[2] ⋯⋯ ヘルツの方程式（たとえば、[7] の第 10 章 式 (1.29–33)）をご参照ください。

3.1 ニュートンの運動方程式とガリレイの相対性原理 19

$$\begin{cases} \mathbf{D}'(x',t') = \mathbf{D}(x,t) \\ \mathbf{H}'(x',t') = \mathbf{H}(x,t) \\ \mathbf{E}'(x',t') = \mathbf{E}(x,t) \\ \mathbf{B}'(x',t') = \mathbf{B}(x,t) \\ \rho'(x',t') = \rho(x,t) \\ \mathbf{j}'(x',t') = \mathbf{j}(x,t) \end{cases} \tag{3.7}$$

の関係があると仮定します。つまり、同じ時空点の量は二つの系で見ても変わらないとします。

3.1.4 ヘルツの方程式：ガリレイ変換に基づくマクスウェル方程式の一般化

前節の電磁場等の変換規則を使うと、マクスウェル方程式［式 (3.4)］の二つの式については、微分規則から二つの系でその方程式の形が保たれることがわかります。

$$\begin{cases} \boldsymbol{\nabla} \cdot \mathbf{D}' - \rho' = \boldsymbol{\nabla} \cdot \mathbf{D} - \rho = 0, \\ \boldsymbol{\nabla} \cdot \mathbf{B}' = \boldsymbol{\nabla} \cdot \mathbf{B} \qquad = 0. \end{cases} \tag{3.8}$$

次に、式 (3.4) の第 4 式（ファラデー–マクスウェルの法則）

$$\boldsymbol{\nabla} \times \mathbf{E}'(t',\mathbf{x}') + \frac{\partial \mathbf{B}'(t',\mathbf{x}')}{\partial t'} = 0$$

の左辺は付録 A の式 (A.3) を使えば、

$$\boldsymbol{\nabla} \times \mathbf{E}' + \frac{\partial \mathbf{B}'}{\partial t'} = \boldsymbol{\nabla} \times \mathbf{E} + \frac{\partial \mathbf{B}}{\partial t} - \boldsymbol{\nabla} \times (\mathbf{v} \times \mathbf{B}) + \mathbf{v}(\boldsymbol{\nabla} \cdot \mathbf{B}),$$

です。さらに、$\boldsymbol{\nabla} \cdot \mathbf{B} = 0$ を代入すると、観測系 K では、

$$\boldsymbol{\nabla} \times \mathbf{E} + \frac{\partial \mathbf{B}}{\partial t} - \boldsymbol{\nabla} \times (\mathbf{v} \times \mathbf{B}) = 0$$

が成り立つことになります。同様に、マクスウェル方程式［式 (3.4)］の第 2 式

$$\frac{1}{\mu_0} \boldsymbol{\nabla} \times \mathbf{B}' - \varepsilon_0 \frac{\partial \mathbf{E}'}{\partial t'} - \mathbf{j}' = 0$$

$$\mathbf{\nabla} \times \mathbf{H}' - \frac{\partial \mathbf{D}'}{\partial t'} - \mathbf{j}' = 0$$

は、

$$\frac{1}{\mu_0}\mathbf{\nabla} \times \mathbf{B} - \mathbf{j} - \varepsilon_0\frac{\partial \mathbf{E}}{\partial t} + \varepsilon_0\mathbf{\nabla} \times (\mathbf{v} \times \mathbf{E}) - \mathbf{v}\rho = 0$$

$$\mathbf{\nabla} \times \mathbf{H} - \mathbf{j} - \frac{\partial \mathbf{D}}{\partial t} + \mathbf{\nabla} \times (\mathbf{v} \times \mathbf{D}) - \mathbf{v}\rho = 0$$

となります。ここで、$\varepsilon_0\mathbf{\nabla} \cdot \mathbf{E} = \mathbf{\nabla} \cdot \mathbf{D} = \rho$ を使いました。

これらの結果をまとめた観測系 K での電磁場の方程式は、ハインリッヒ・ルドルフ・ヘルツ（1857–1894）の名をとって、**ヘルツの方程式**と呼ばれます。

$$\begin{cases} \varepsilon_0\mathbf{\nabla} \cdot \mathbf{E} = \rho\,, \\[2mm] \dfrac{1}{\mu_0}\mathbf{\nabla} \times \mathbf{B} - \varepsilon_0\dfrac{\partial \mathbf{E}}{\partial t} = -\varepsilon_0\mathbf{\nabla} \times (\mathbf{v} \times \mathbf{E}) + (\mathbf{j} + \mathbf{v}\rho)\,, \\[2mm] \mathbf{\nabla} \cdot \mathbf{D} = \rho\,, \\[2mm] \mathbf{\nabla} \times \mathbf{H} - \dfrac{\partial \mathbf{D}}{\partial t} = -\mathbf{\nabla} \times (\mathbf{v} \times \mathbf{D}) + (\mathbf{j} + \mathbf{v}\rho)\,, \\[2mm] \mathbf{\nabla} \cdot \mathbf{B} = 0\,, \\[2mm] \mathbf{\nabla} \times \mathbf{E} + \dfrac{\partial \mathbf{B}}{\partial t} = \mathbf{\nabla} \times (\mathbf{v} \times \mathbf{B}) \end{cases} \tag{3.9}$$

この方程式の左辺はマクスウェル方程式と完全に一致していますが、右辺には座標系の速度 $\mathbf{v}$ を含む項が現れています。これは観測者の速度によって電磁場の満たす方程式が異なるべきことを意味しています。

ニュートンに基づく質点の運動方程式では、一定速度で運動している座標系の速度はガリレイ変換を適用しても、運動方程式には現れませんでした。しかし、マクスウェル方程式とガリレイ変換の組み合わせでは、変換後の電磁場の方程式には、座標系の速度が現れます。つまり、電磁場についてはマクスウェルの方程式が成り立つ特別の座標系が存在し、その特別の座標系に対して等速運動している系では電磁場はヘルツの方程式 ［式 (3.9)］ に従うということです。そうであれば、逆に、電磁場の現象を観測することによって、ヘルツの方程式の速度を知ることができるはずです。

しかしながら、ヘルツの方程式に基づいて、この係数（速度）を決める試み

は成功しませんでした。これを解決したのはアインシュタインの特殊相対性理論でした。

3.2　アインシュタインの特殊相対性原理

　前節でみたように、ガリレイ変換に対して、ニュートンの運動方程式は二つの座標系で形を変えませんでしたが、マクスウェル方程式は運動している座標系での方程式はその系の速度を明示的に含むような方程式に変換されてしまいます。この節ではアインシュタインに従って、この問題を解決する方法を学びます。

　アインシュタインの**特殊相対性原理**は次の二つの原理に基づいて構築されています。

相対性原理：
　　　互いに一定速度で動いている慣性系では全ての物理法則が同じになる。
　　　（つまり、同じ形の方程式で物理現象が記述できる。）

光速度不変の原理：
　　　真空中の光速度は慣性系の選び方（観測者の立場）によらず、同じ速度
　　　となる。（マクスウェル方程式が慣性系によらず成り立つことから[3]。）

　特殊相対性理論は、電磁気学（＝マクスウェル方程式）だけではなく、**全ての物理法則**がこの二つの原理に従うべきことを主張しています[4]。

3.2.1　光速度不変の原理

　光速度不変の原理が成り立つためには、二つの慣性系 K および K$'$ で光の軌跡の座標、(x, t) および (x', t')、について、

$$x^2 - c^2 t^2 = x'^2 - c^2 t'^2 = 0 \tag{3.10}$$

---

[3] …… 光速 c は 1983 年に 2.99792458×10^8 m/sec と**定義**されました。

[4] …… 一般相対性理論ではさらに、全ての座標系＝観測者からみて物理法則が同じ形になることを要請しています。

が成り立てばよいことがわかります。ガリレイ変換ではこの等式が成り立たないことはすぐにわかりますので、

$$x'^2 - c^2t'^2 = (x - vt)^2 - c^2t^2 = x^2 - 2vxt - (c^2 - v^2)t^2 \neq x^2 - c^2t^2$$

特殊相対論の二つの要請を満たすために、ガリレイ変換を次に説明する特殊ローレンツ変換で置き換えることになります。

3.2.2 特殊ローレンツ変換

先に述べたように、光速度不変の原理を満たすためには、静止系 K と慣性系 K' の変換はガリレイ変換というわけにはいきません。

$$x^2 - c^2t^2 = x'^2 - c^2t'^2 \tag{3.11}$$

を満たす（線形な）変換式は、変換のパラメータ ϕ を用いて

$$\begin{cases} x' = \cosh\phi\ x - \sinh\phi\ ct \\ ct' = -\sinh\phi\ x + \cosh\phi\ ct \end{cases}$$

$$\begin{cases} x = \cosh\phi\ x' + \sinh\phi\ ct' \\ ct = \sinh\phi\ x' + \cosh\phi\ ct' \end{cases} \tag{3.12}$$

とかけます。運動系 K' の原点 $(x' = 0)$ の静止系 K での座標 (x, t) は、

$$\begin{cases} x = \sinh\phi\ ct' = \tanh\phi\ ct \\ ct = \cosh\phi\ ct' \end{cases} \tag{3.13}$$

です。静止系 K で見て運動系 K' の原点は速度 v で動いていますから、

$$v = c\tanh\phi$$
$$\cosh\phi = \frac{1}{\sqrt{1 - (v/c)^2}} \tag{3.14}$$
$$\sinh\phi = \frac{v/c}{\sqrt{1 - (v/c)^2}}$$

となって、パラメータ ϕ は二つの座標系の相対速度 v で表されます。特殊相

対性理論では、次の式で定義されるパラメータ β および γ をよく使います。

$$\begin{cases} \beta \equiv v/c = \tanh\phi \\ \gamma \equiv \dfrac{1}{\sqrt{1-\beta^2}} = \cosh\phi \end{cases} \tag{3.15}$$

これらの変数を使うと、変換式 (3.12) は、

$$\begin{cases} x' = \gamma\,(x - \beta ct) = \gamma\,(x - vt) \\ t' = \gamma\,(t - \beta x/c) = \gamma\left(t - \dfrac{v}{c^2}x\right) \end{cases}$$

$$\begin{cases} x = \gamma\,(x' + \beta ct') \\ t = \gamma\,(t' + \beta x'/c) \end{cases} \tag{3.16}$$

と書き直すことができます。この式で表される変換をヘンドリック・アントン・ローレンツ（1853–1928）の名をとって**ローレンツ変換（特殊ローレンツ変換）**と呼びます。この変換では、二つの座標系は平行であり、かつ移動の速度も一つの座標軸 x に平行です。一般のローレンツ変換では、二つの座標系と相対速度は平行とは限りません。一般のローレンツ変換は 3 次元座標系の回転と特殊ローレンツ変換を組み合わせて表現可能です。

　このように、アインシュタインの特殊相対性理論では、光速度不変の原理からガリレイ変換に代えてローレンツ変換を使う必要があることがわかりました。

　第 6 章「マクスウェル方程式の共変性」では、このローレンツ変換に対してマクスウェル方程式がその形を変えないことを確かめます。また、ニュートンの運動式の方程式を拡張することで、特殊相対性理論を満足する運動方程式が導かれることをみていきます（第 10 章）。

　それらの準備として第 5 章では、これらの議論に便利な数学的な表記について説明します。

3.2.3　追記：アインシュタインによるローレンツ変換の導出

　前節では、光速度不変の原理が 4 次元距離 (ds) が座標変換を不変にすることと等価であるとしてローレンツ変換を導きました。

24 ● 第3章 ● マクスウェル方程式から特殊相対性理論へ

　ここでは、アインシュタインの著書 *Relativity: The Special and General Theory* (1916, 15th ed. 1952) [6] に従って、相対性原理（慣性系はお互いに等価であって、同じ物理現象を観測すれば、同じ結果を得る）および光速度不変の原理からローレンツ変換が導かれることを示します。

　議論を簡単にするために、時空は時間 t と空間 x の2次元に限って考えます。一般の座標系は、お互いの運動方向への回転を行うことによって、この場合にを考えれば十分であることは直ちに了解されます。

　相対速度 v で運動している二つの慣性系 K および K' の座標系の変換規則として、次の線形の関係が成り立つとします。

$$\begin{cases} x' & = A(v)\,x + B(v)\,(ct) \\ ct' & = C(v)\,(ct) + D(v)\,x \end{cases} \tag{3.17}$$

まず、光の軌跡を考えると、それは

$$x = ct \tag{3.18}$$

あるいは、

$$x - ct = 0 \tag{3.19}$$

と表されます。光速度不変の原理から、慣性系 K で軌跡が光速度のものであれば、慣性系 K' においても、軌跡は光速度のものとなることが結論されます。

$$x - ct = 0 \Leftrightarrow x' - ct' = 0 \tag{3.20}$$

つまり、$x - ct = 0$ が成り立つ時、もう一方の座標系でみても、$x' - ct' = 0$ が結論されるためには、二つの座標系の変換規則は、次の関係式：

$$x' - ct' = \lambda(v)\,(x - ct) \tag{3.21}$$

を満たす必要があります。また、これら二つの慣性系で、反対向きに走る光を観測することを考えると、変換規則は、

$$x' + ct' = \mu(v)\,(x + ct) \tag{3.22}$$

も満たす必要があります。

これらの式を変形することで、二つの慣性系の間の座標の変換規則は、

$$\begin{cases} x' = a(v)x - b(v)ct \\ ct' = a(v)ct - b(v)x \end{cases} \tag{3.23}$$

と表せることになります。

ここで、変換の係数 $a(v), b(v)$ は前述の係数 $\mu(v), \lambda(v)$ を使って次のように定義されます。

$$\begin{cases} a(v) = \dfrac{\lambda(v) + \mu(v)}{2} \\ b(v) = \dfrac{\lambda(v) - \mu(v)}{2} \end{cases} \tag{3.24}$$

いま慣性系 K' は静止系 K に対して、速度 v で移動しているとします。この時、K' の原点 $O'(x' = 0)$ は K でみた時、速度 v で移動しています。上記の変換規則から、O' を座標系 K で観測した座標は、

$$x' = 0 = a(v)\,x - b(v)\,ct \tag{3.25}$$

を満たしますから、変換係数と二つの慣性系の速度 v の間には、

$$v = \frac{b(v)}{a(v)}\,c \tag{3.26}$$

なる関係があることがわかります。

この関係を使うと、座標の変換規則は、

$$\begin{cases} x' = a(v)\left(x - \dfrac{v}{c}ct\right) \\ ct' = a(v)\left(ct - \dfrac{v}{c}x\right) \end{cases} \tag{3.27}$$

となります。

この変換係数 $a(v)$ を決めるためのアインシュタインの議論に従い、それぞれの系に固定された長さ L_0 の棒をもう一方の系で観測した時の棒の長さについて考えてみます。

相対性原理を使うと、K' に固定された棒を K で測定した時の棒の長さ L と

26 ● 第 3 章 ● マクスウェル方程式から特殊相対性理論へ

K に固定された棒を K' で測定した時の棒の長さ L' とは同じであるはずです。このことから、変換の係数 $a(v)$ が定められることを見ていきましょう。

棒が静止している系では、棒の一端を原点におけば、棒のもう一端の空間座標は、どの時刻でも、L_0 となります。

K' に静止した棒を、K で時刻 $t = 0$ で観測すると、K での棒の長さ L は、変換規則から、

$$L_0 = a(v)\,(L - v \times 0) = a(v)L \tag{3.28}$$

あるいは

$$L = \frac{L_0}{a(v)}$$

であることが導かれます[5]。

今度は逆に K に固定された棒の両端を K' で時刻 $t' = 0$ で観測した場合を考えます。

今度は、

$$\begin{cases} L' = a(v)\,(L_0 - vt) \\ 0 = a(v)\left(ct - \frac{v}{c}L_0\right) \end{cases} \tag{3.29}$$

ですから、

$$L' = a(v)\left(1 - \frac{v^2}{c^2}\right)L_0 \tag{3.30}$$

となることがわかります。先ほども述べたように、相対性原理からの要請は $L' = L$ ですから、

$$\frac{1}{a(v)} = a(v)\left(1 - \frac{v^2}{c^2}\right)$$

$$\text{すなわち} \tag{3.31}$$

$$a(v) = \frac{1}{\sqrt{1 - \frac{v^2}{c^2}}}$$

---

[5] …… 観測時の棒の一端の K' での時刻は $t' = a\left(-\frac{v}{c}L\right)$ と 0 ではないことに注意しましょう。

と変換係数 $a(v)$ が定まります。

これを使うと、変換規則式 (3.27) は、ローレンツ変換

$$\begin{cases} x' = \dfrac{1}{\sqrt{1 - \frac{v^2}{c^2}}} \left(x - \dfrac{v}{c}ct \right) \\ ct' = \dfrac{1}{\sqrt{1 - \frac{v^2}{c^2}}} \left(ct - \dfrac{v}{c}x \right) \end{cases} \tag{3.32}$$

に他ならないことがわかります。

第 4 章

光速度不変の原理とその物理的意味

4.1　光速度不変の原理の確認

アインシュタインの特殊相対性理論の要請は、「お互いに等速度で運動している二つの系で観測する光速度はお互いの速度によらず一定」ということです。

これをローレンツ変換を用いて確認してみましょう。

まず静止系 K で時刻 $t = 0$ に原点 $x = 0$ に置いた発光装置から放出された光を考えます。静止系 K の原点から距離 L 離れた点、$x_R = L$ または $x_L = -L$ に光が到着するのは、静止系 K ではいずれも時刻 $t = \frac{L}{c}$ であることは光速度の定義から明らかです。この光の軌跡は、静止系 K では、$x = \pm ct$ と表されます。この軌跡をローレンツ変換を使って、運動系 K' の座標、(x', t')、で書き直してみましょう。

$$
\begin{aligned}
x' &= \frac{1}{\sqrt{1 - \frac{v^2}{c^2}}} \left(\pm ct - vt \right) = \frac{\pm ct}{\sqrt{1 - \frac{v^2}{c^2}}} \left(1 \mp \frac{v}{c} \right) \\
t' &= \frac{1}{\sqrt{1 - \frac{v^2}{c^2}}} \left(t \mp \frac{v}{c} t \right) = \frac{t}{\sqrt{1 - \frac{v^2}{c^2}}} \left(1 \mp \frac{v}{c} \right)
\end{aligned}
\tag{4.1}
$$

から、運動系 K' での光の軌跡も $x' = \pm ct'$ となり、運動系 K' でみても光は光速度 c で伝わっていくことになります（図4.1 および図4.2 を参照）。

4.2　同時の相対性とローレンツ収縮

ガリレイ変換では、時刻の変換は恒等変換であることから、時刻は全ての観測者について共通です。言い換えれば、ある観測者で同時に起きる現象は、別

4.2 同時の相対性とローレンツ収縮

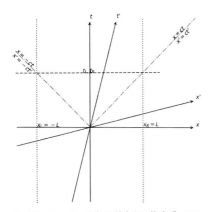

図 4.1 P_R, P_L に光が到達する静止系 K での座標。

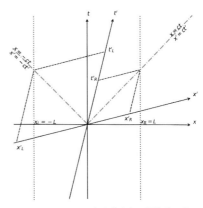

図 4.2 P_R, P_L に光が到達する運動系 K' での座標。

の速度で移動している観測者にとっても同時に起きる現象となります。

一方、特殊相対性理論のローレンツ変換では、時刻も空間座標と同じように変換を受けます。このため、特殊相対性理論では、「同時」の概念は観測者によって異なっています（**同時の相対性**）。この「特殊相対性理論における同時の相対性」についてこの節でもう少し詳しくみていきましょう。

まず、運動系 K' で時刻 $t' = 0$ での静止系 K の原点、$O : x = 0$、および、

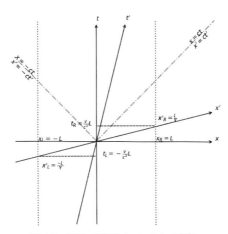

図 4.3 同時の相対性とローレンツ収縮。

30 ◆ 第 4 章 ◆ 光速度不変の原理とその物理的意味

原点から距離 L 離れた点、$P_R : x = L, P_L : x = -L$ について考えてみます。
静止系 K での原点、$O : (x, t) = (0, 0)$、の座標は、

$$
\begin{aligned}
x'_O &= \frac{1}{\sqrt{1 - \frac{v^2}{c^2}}} \left(0 - \frac{v}{c} c \times 0 \right) = 0, \\
ct'_O &= \frac{1}{\sqrt{1 - \frac{v^2}{c^2}}} \left(c \times 0 - \frac{v}{c} 0 \right) = 0
\end{aligned}
\tag{4.2}
$$

と運動系 K' でみても、$x'_O = 0, t'_O = 0$ となることがわかります。

次に、右側の観測点 $P_R : x_R = L$ について考えてみると、

$$
\begin{aligned}
x'_R &= \frac{1}{\sqrt{1 - \frac{v^2}{c^2}}} \left(L - \frac{v}{c} ct_R \right), \\
ct'_R &= \frac{1}{\sqrt{1 - \frac{v^2}{c^2}}} \left(ct_R - \frac{v}{c} L \right)
\end{aligned}
\tag{4.3}
$$

ですから、運動系 K' での時刻 $t' = 0$ での時空点 P_R は、静止系 K での時刻
座標として $t_R = \frac{v}{c^2} L$ を持っていることがわかります（図 4.3 参照）。これか
ら、運動系 K' でのこの時空点の座標は、

$$
\begin{aligned}
x'_R &= \frac{1}{\sqrt{1 - \frac{v^2}{c^2}}} \left(L - \frac{v}{c} ct_R \right) \\
&= \frac{1}{\sqrt{1 - \frac{v^2}{c^2}}} \left(1 - \frac{v^2}{c^2} \right) L \quad = \sqrt{1 - \frac{v^2}{c^2}} L, \\
ct'_R &= \frac{1}{\sqrt{1 - \frac{v^2}{c^2}}} \left(ct_R - \frac{v}{c} L \right) \quad = 0
\end{aligned}
\tag{4.4}
$$

と求まります。

左側の光の到達点 $P_L : x_L = -L$ についても同様に考えると、$t_L = \frac{v}{c^2}(-L)$
ですから、

$$
\begin{aligned}
x'_L &= \frac{1}{\sqrt{1 - \frac{v^2}{c^2}}} \left(-L - \frac{v}{c} ct_L \right) = \sqrt{1 - \frac{v^2}{c^2}} \left(-L \right), \\
ct'_L &= \frac{1}{\sqrt{1 - \frac{v^2}{c^2}}} \left(ct_L + \frac{v}{c} L \right) = 0.
\end{aligned}
\tag{4.5}
$$

● 4.2 ● 同時の相対性とローレンツ収縮 31

となります。なお、これらの式は、運動している系で観測すると、長さが $\sqrt{1-\frac{v^2}{c^2}} = \frac{1}{\gamma}$ の割り合いで短いと測定されるということを表しています（**ローレンツ収縮**）。

ここでの議論でわかるように、運動系 K' での長さの測定では、$t' = 0$ で棒の両端の時空点の x' 座標が使われます。この二つの時空点の静止系 K での時刻はそれぞれ、$t_o = 0$ と $t_R = \frac{v}{c^2}L$ と異なる時刻を持っています。このようにローレンツ収縮と「同時の相対性」は密接に関係しています。

次に、前節で考察した $t = 0$ に原点を出発した 2 本の光線をこの節でも引き続き考察していきます（図 4.1 および図 4.2 を参照）。これらの光線が、静止系 K で原点から距離 L 離れた二つの点に到達する時刻を考えてみましょう。

さて、光が右側の観測点に到達した事象 $E_R : \bar{x}_R = L, \bar{t}_R = \frac{L}{c}$ を運動系 K' で観測すると、その座標は、

$$
\begin{aligned}
\bar{x}'_R &= \frac{1}{\sqrt{1-\frac{v^2}{c^2}}} \left(L - \frac{v}{c}c\bar{t}_R \right) \\
&= \frac{1}{\sqrt{1-\frac{v^2}{c^2}}} \left(1 - \frac{v}{c} \right) L, \\
c\bar{t}'_R &= \frac{1}{\sqrt{1-\frac{v^2}{c^2}}} \left(c\bar{t}_R - \frac{v}{c}L \right) \\
&= \frac{1}{\sqrt{1-\frac{v^2}{c^2}}} \left(1 - \frac{v}{c} \right) L.
\end{aligned}
\tag{4.6}
$$

となります。$t' = 0$ に原点を出た光がこの時空点に到達したわけですから、光速度は、やはり $c = \frac{\bar{x}'_R}{\bar{t}'_R}$ であることがわかります。これらの式の右辺を、

$$
\begin{aligned}
\frac{1}{\sqrt{1-\frac{v^2}{c^2}}} \left(1 - \frac{v}{c} \right) L &= \sqrt{1-\frac{v^2}{c^2}}L - \frac{v}{c}\frac{1}{\sqrt{1-\frac{v^2}{c^2}}} \left(1 - \frac{v}{c} \right) L, \\
&= \sqrt{1-\frac{v^2}{c^2}}L - \frac{v}{c}t'_R,
\end{aligned}
\tag{4.7}
$$

と書き換えると、最初の項はローレンツ収縮を受けた原点と観測点との距離、次の項は運動系 K' では観測点が速度 $-v$ で動いている効果を表していることがわかります。

左側の観測点 $\bar{x}_L = -L, \bar{t}_L = \frac{L}{c}$ について同様の計算を行うと、

$$
\begin{aligned}
\bar{x}'_L &= \frac{1}{\sqrt{1 - \frac{v^2}{c^2}}} \left(-L - \frac{v}{c} c\bar{t}_L \right) \\
&= -\frac{1}{\sqrt{1 - \frac{v^2}{c^2}}} \left(1 + \frac{v}{c} \right) L, \\
c\bar{t}'_L &= \frac{1}{\sqrt{1 - \frac{v^2}{c^2}}} \left(c\bar{t}_L + \frac{v}{c} L \right) \\
&= \frac{1}{\sqrt{1 - \frac{v^2}{c^2}}} \left(1 + \frac{v}{c} \right) L.
\end{aligned}
\tag{4.8}
$$

と、運動系 K' での光の速度はやはり c となります。また、

$$
\frac{1}{\sqrt{1 - \frac{v^2}{c^2}}} \left(1 + \frac{v}{c} \right) L = \sqrt{1 - \frac{v^2}{c^2}} L + \frac{v}{c} \frac{1}{\sqrt{1 - \frac{v^2}{c^2}}} \left(1 + \frac{v}{c} \right)
\tag{4.9}
$$

ですから、光の移動距離は、原点と観測点の距離と、光が到着するまでに観測点が原点から遠ざかる距離の和になっています。

運動系 K' で光が棒の端に届く時間は、右側の端では、$\frac{1}{\sqrt{1 - \frac{v^2}{c^2}}} \left(1 - \frac{v}{c} \right) L$、左端では、$\frac{1}{\sqrt{1 - \frac{v^2}{c^2}}} \left(1 + \frac{v}{c} \right) L$ ですから、静止系 K では同時に両端に届いていた光は運動系 K' ではそれぞれ異なる時刻に到着することになります（「同時の相対性」）。

4.3　特殊相対性理論での時計の遅れ

特殊相対性理論でローレンツ収縮と並んで、よく知られた結果に「時計の遅れ」があります。この節では、これについて考えてみましょう。

ここでも静止系 K とそれに対してx軸方向に速度 v で移動している運動系 K' を考えます。運動系 K' の原点（$x' = 0$）に置かれた時計の時刻が t' の時空点を P1、時刻が $t' + \Delta T_0$ の時空点を P2 とします。

静止系 K での時空点 P1 の座標は、

4.3 特殊相対性理論での時計の遅れ

$$\begin{cases} x_1 = \gamma(0 + vt') \\ t_1 = \gamma(t' + \frac{v}{c^2}0) \end{cases} \quad (4.10)$$

また、時空点 P2 の座標は、

$$\begin{cases} x_2 = \gamma(0 + v(t' + \Delta T_0)) \\ t_2 = \gamma(t' + \Delta T_0 + \frac{v}{c^2}0) \end{cases} \quad (4.11)$$

となります。これから、静止系 K でみた時の二つの時空点の時間差は、

$$\Delta T = t_2 - t_1 = \gamma \Delta T_0 > \Delta T_0 \quad (4.12)$$

となります。つまり、静止系 K で時間 ΔT が経過した時、運動系 K' と共に速度 v で移動している時計は、ΔT_0 しか進んでいないように観測者にはみえます。これを特殊相対理論における**時計の遅れ**と呼びます。

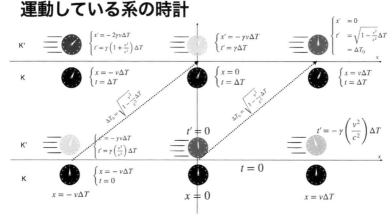

図 4.4 運動している系の時計。

蛇足ですが、

$$x_2 - x_1 = \gamma v \Delta T_0 = v(t_2 - t_1) = v \Delta T$$

が成り立っています。

4.4　速度の合成

これまでと同様、運動系 K' が静止系 K に対して速度 v で空間座標軸の正の方向に移動している時、運動系 K' で観測した時に速度 u で運動している質点を考えます。これは例えば、移動している電車の中でボールを投げた時、地面に静止している観測者からこのボールはどう見えるのかという問題です。

運動系 K' でこの質点の世界線は、

$$x'_0 = x' - ut' \equiv 一定,$$

と表現されます。ローレンツ変換を使うと、この世界線の方程式は、

$$
\begin{aligned}
x'_0 &= \frac{1}{\sqrt{1 - \frac{v^2}{c^2}}} \left\{ \left(x - \frac{v}{c}ct \right) - \frac{u}{c} \left(ct - \frac{v}{c}x \right) \right\} \\
&= \frac{1}{\sqrt{1 - \frac{v^2}{c^2}}} \left\{ \left(1 + \frac{v}{c}\frac{u}{c} \right) x - \left(\frac{u}{c} + \frac{v}{c} \right) ct \right\} \\
&\equiv 一定
\end{aligned}
$$

と書き直せます。静止系 K では、この質点の座標、x と t、には次の関係式が成り立つということです。これを**速度の合成**といいます。

$$\Delta x = \frac{u + v}{1 + \frac{uv}{c^2}} \Delta t$$

つまり、静止系 K で観測した時、この質点は速度 $\frac{u+v}{1+\frac{uv}{c^2}}$ で動いていると観測されることになります。

● 第5章 ●

ミンコフスキー空間

　ローレンツ変換では、空間の座標 x, y, z と時間の座標 t がお互いに混じり合っています。これらの座標を平等に取り扱うような表現方法を使うと、様々な計算の見通しがよくなる場合があります。ここではそのような4次元座標を導入し、それによる様々な物理量の表現を使うことで、特殊相対性理論に基づく物理の法則が見やすく書き表されることを見ていきます。なお、ここで導入するベクトルの表現方法は、一般相対性理論での取り扱いに繋がるものです。

5.1　ミンコフスキー空間と4次元座標

　特殊相対性理論の原理を採用すると、慣性系の間の座標の相互変換については、

$$(x^0, x^1, x^2, x^3) = (ct, x, y, z)$$

$$\eta_{\mu\nu} = \eta_{\nu\mu} = \begin{pmatrix} 1 & 0 & 0 & 0 \\ 0 & -1 & 0 & 0 \\ 0 & 0 & -1 & 0 \\ 0 & 0 & 0 & -1 \end{pmatrix} \tag{5.1}$$

の4次元の時空（4次元座標系）を考えるのが便利です。これをヘルマン・ミンコフスキー（1864–1909）の名をとって**ミンコフスキー空間**と呼びます[※1]。

5.1.1　4元ベクトルの導入

　この4次元空間の点を表すベクトル x^μ を**反変ベクトル**（contravariant

[※1] …… ここでの座標および計量テンソルの符号の定義は、ビヨルケン–ドレルによる相対論的量子場についての古典的教科書 [8] に倣っています。この教科書ではさらに $\hbar = 1, c = 1$ とする自然単位系を採用していますが、ここではそれらは明示的に残すことにします。文献（例えば

vector）と呼びます[※2]。

これに共役な**共変ベクトル**（covariant vector）を

$$x_\mu = \eta_{\mu\nu} x^\nu$$

で定義します。添字の足（μ）などについては、**アインシュタインの規約**（アインシュタインの縮約記法とも）、すなわち**「同じ添字が一つの式にペアで現れたばあいには、これらの添字について、和をとる」**を採用します。反変ベクトルと共変ベクトルをあわせて**4元ベクトル**（4-vector）といいます。

つまり、

$$x_\mu = \eta_{\mu\nu} x^\nu = \sum_{\nu=0}^{3} \eta_{\mu\nu} x^\nu$$

です。

5.2　ミンコフスキー空間とローレンツ変換

ミンコフスキー空間の4次元座標でのローレンツ変換は

$$s^2 = (x^0)^2 - (x^1)^2 - (x^2)^2 - (x^3)^2$$
$$= \eta_{\mu\nu} x^\mu x^\nu$$
$$= \eta^{\mu\nu} x_\mu x_\nu$$
$$= x^\mu x_\mu$$

砂川の教科書 [7]）によっては $\eta_{\mu\nu} = \begin{pmatrix} -1 & 0 & 0 & 0 \\ 0 & 1 & 0 & 0 \\ 0 & 0 & 1 & 0 \\ 0 & 0 & 0 & 1 \end{pmatrix}$ と定義する場合もありますので、
よく確認しましょう。

[※2] …… 反変ベクトル、共変ベクトルという呼び方はよくないのかもしれません。反変成分、共変成分と呼んだほうがよさそうに思えます。基底ベクトルと反変成分を掛けて足したものがベクトルです。$\mathbf{x} = x^\mu \mathbf{e}_\mu$ ということですね。曲線座標の座標軸の接ベクトルと平行な基底ベクトル（$\mathbf{e}_\mu$）がまずは定義され、それを基に反変成分（x^μ）が定義されます。自然な基底ベクトルと双対な基底を考えて、同じベクトルを基底ベクトルと組み合わされるのが反変成分、双対基底と組み合わされるのが共変成分ということですね。

を不変にする線形変換として定義されます。これに

$$x'^{\mu} = \sum_{\nu=0}^{3} a^{\mu}{}_{\nu} x^{\nu} = a^{\mu}{}_{\nu} x^{\nu}$$

を代入すると、

$$s^2 = \eta_{\mu\nu} x^{\mu} x^{\nu} = \eta_{\mu\nu} x'^{\mu} x'^{\nu}$$
$$= \eta_{\mu\nu} a^{\mu}{}_{\rho} x^{\rho} a^{\nu}{}_{\sigma} x^{\sigma}$$
$$= \eta_{\rho\sigma} a^{\rho}{}_{\mu} x^{\mu} a^{\sigma}{}_{\nu} x^{\nu}$$

です。これが任意の x_{μ} について成立することから、ローレンツ変換の係数 $a^{\mu}{}_{\nu}$ は次の関係式を満たします。

$$\eta_{\mu\nu} = \eta_{\rho\sigma} a^{\rho}{}_{\mu} a^{\sigma}{}_{\nu}$$
$$\delta^{\mu}_{\nu} = \eta^{\mu\lambda} \eta_{\sigma\rho} a^{\rho}{}_{\lambda} a^{\sigma}{}_{\nu}$$

ここで、$\delta^{\mu}_{\nu} \equiv \eta^{\mu\rho} \eta_{\rho\nu}$ は $\mu = \nu$ の時に 1、それ以外では 0 となる単位テンソルです。

ここで、$a_{\mu}{}^{\nu}$ を次のように定義します。

$$a_{\mu}{}^{\nu} \equiv \eta_{\mu\rho} \eta^{\nu\lambda} a^{\rho}{}_{\lambda}$$

すると以下が成り立つことは容易にわかります。

$$a_{\mu}{}^{\nu} \equiv \eta_{\mu\rho} \eta^{\nu\sigma} a^{\rho}{}_{\sigma}$$
$$\delta^{\mu}_{\nu} = a_{\sigma}{}^{\mu} a^{\sigma}{}_{\nu}$$
$$a_{\nu}{}^{\mu} x'^{\nu} = a_{\nu}{}^{\mu} a^{\nu}{}_{\sigma} x^{\sigma} = x^{\mu}$$

この $a_{\mu}{}^{\nu}$ を使うと共変ベクトルのローレンツ変換は、

$$\left\{ \begin{array}{rcc} x_{\mu} & = & \eta_{\mu\nu} x^{\nu} \\ \eta^{\mu\nu} x_{\nu} & = & \eta^{\mu\nu} \eta_{\nu\rho} x^{\rho} = x^{\mu} \end{array} \right.$$

から、

$$x'_{\mu} = \eta_{\mu\nu} x'^{\nu}$$

$$= \eta_{\mu\nu} a^{\nu}{}_{\rho} \eta^{\rho\sigma} x_{\sigma}$$

$$= a_{\mu}{}^{\nu} x_{\nu}$$

と書けることがわかります。

反変ベクトルによる微分操作もミンコフスキー空間の4元ベクトルとして表現されます。

$$\partial_{\mu}{}' = \frac{\partial}{\partial x'^{\mu}}$$

$$= \frac{\partial x^{\nu}}{\partial x'^{\mu}} \frac{\partial}{\partial x^{\nu}}$$

$$= a_{\mu}{}^{\nu} \frac{\partial}{\partial x^{\nu}}$$

スカラー量とベクトル量はそれぞれ次のように変換されます。

$$\phi'(x') = \phi(x)$$

$$v'(x')^{\mu} = a^{\mu}{}_{\nu} v(x)^{\nu}$$

つまり、スカラー量は、同じ時空点においては座標系にかかわらず同じ値を持つ量です。スカラー量の微分は次のように共変ベクトルとして変換されます。

$$\frac{\partial \phi'}{\partial x'^{\mu}} = \frac{\partial x^{\nu}}{\partial x'^{\mu}} \frac{\partial \phi'}{\partial x^{\nu}}$$

$$= a_{\mu}{}^{\nu} \frac{\partial \phi}{\partial x^{\nu}}$$

$$\frac{\partial \phi'}{\partial x'^{\mu}} = \partial'_{\mu} \phi'(x')$$

と書くことで、スカラー量 $\phi(x)$ の微分のローレンツ変換に対する変換規則は、

$$\partial'_{\mu} \phi'(x') = a_{\mu}{}^{\nu} \partial_{\nu} \phi(x)$$

と簡便に書き表すことができます。

5.2.1 テンソルの導入

複数の座標系の指標を持つ量である**テンソル**を次のように定義します。

（2階の）テンソル $T^{\mu\nu}$ はローレンツ変換に対して

$$T'^{\mu\nu}(x') = a^{\mu}{}_{\rho}a^{\nu}{}_{\sigma}T^{\rho\sigma}(x) \tag{5.2}$$

と変換される量と定義されます。後に見るように（第6.1.1節）、特殊相対性理論以前は電場ベクトルと磁場ベクトルとしてそれぞれ別の物理量と考えられていた電磁場は、特殊相対性理論の立場からは電磁場テンソルとして統一された物理量の成分として捉えられます。

　運動法則が共変的であるとすれば、その運動方程式の両辺は同じ変換性を持った量（例えばスカラー、ベクトル、テンソル）で表されるはずです。またその逆に、運動方程式の両辺が同じ変換性を持った諸量で書き表すことができれば、その運動方程式が示す運動法則は変換に対して共変だということが明白になります。（物理法則の共変性は、「ある特定の座標系を選ぶと運動法則が簡単に書き表せるということがない」を意味しています。つまり、全ての座標系は平等であるということですね。この考えを推し進めることは、一般相対性理論に繋がっていきます。）

40

● 第6章 ●

マクスウェル方程式の共変性

　この章では、先ほど導入したミンコフスキー空間と4次元座標の記法を使って、マクスウェル方程式が等速度で運動する慣性系で同じ形を持つこと（相対性／共変性）を見やすく書き表せることを見ていきましょう。

6.1　スカラーポテンシャルとベクトルポテンシャル

マクスウェル方程式は通常の3次元ベクトル表記では、

$$\begin{cases} \boldsymbol{\nabla} \cdot \mathbf{D} = \rho \\ \boldsymbol{\nabla} \times \mathbf{H} - \dfrac{\partial \mathbf{D}}{\partial t} = \mathbf{j} \\ \boldsymbol{\nabla} \cdot \mathbf{B} = 0 \\ \boldsymbol{\nabla} \times \mathbf{E} + \dfrac{\partial \mathbf{B}}{\partial t} = 0 \end{cases} \tag{6.1}$$

と表されます。ここで、**電場 E** ／**磁束密度 B** それぞれに対応する**電束密度 D** ／**磁場 H** を次のように定義します。

$$\begin{cases} \mathbf{D} = \varepsilon_0 \mathbf{E}, \\ \mathbf{H} = \dfrac{1}{\mu_0} \mathbf{B} \end{cases} \tag{6.2}$$

なお、誘電率 ε、透磁率 μ の物質中では、これらの関係式は、

$$\begin{cases} \mathbf{D} = \varepsilon \mathbf{E}, \\ \mathbf{H} = \dfrac{1}{\mu} \mathbf{B} \end{cases} \tag{6.3}$$

となります。物質中の電磁場については、第8章で再度議論します。

3次元のベクトル解析の公式を使うと、

$$\text{任意のベクトル } \mathbf{V} \text{ に対して} \qquad \boldsymbol{\nabla} \cdot \boldsymbol{\nabla} \times \mathbf{V} \equiv 0$$

$$\text{任意のスカラー関数 } f \text{ に対して} \qquad \boldsymbol{\nabla} \times \boldsymbol{\nabla} f \equiv \mathbf{0}$$

が成り立ちます。

一方で、マクスウェル方程式（式 (6.1)）の第3式（$\boldsymbol{\nabla} \cdot \mathbf{B} = 0$）から、この条件を満たす磁束密度（$\mathbf{B}$）は適当なベクトル関数 $\mathbf{A}$ を用いて

$$\mathbf{B} = \boldsymbol{\nabla} \times \mathbf{A}$$

と書けることになります。これを式 (6.1) の第4式に代入すると、

$$\boldsymbol{\nabla} \times \left(\mathbf{E} + \frac{\partial}{\partial t} \mathbf{A} \right) = 0$$

です。したがって、電場は適当なスカラー関数 φ を用いて、

$$\mathbf{E} + \frac{\partial}{\partial t} \mathbf{A} = -\boldsymbol{\nabla} \varphi$$

とかけるはずです。

結局、**ベクトルポテンシャル $\mathbf{A}$** および**スカラーポテンシャル φ** と呼ばれる量を導入することで、電場および磁束密度は、

$$\begin{cases} \mathbf{B} = \boldsymbol{\nabla} \times \mathbf{A} = \dfrac{1}{c} \boldsymbol{\nabla} \times (c\mathbf{A}) \\[2mm] \mathbf{E} = -\boldsymbol{\nabla}\varphi - \dfrac{\partial \mathbf{A}}{\partial t} = -\boldsymbol{\nabla}\varphi - \dfrac{\partial (c\mathbf{A})}{\partial (ct)} \end{cases} \tag{6.4}$$

と書けることがわかります。

6.1.1 4元ベクトルポテンシャルの導入

ローレンツ変換に対する共変性を示すために、これらの式をミンコフスキー空間の座標系で書き表してみましょう。

先ほど導入した3次元のベクトルポテンシャル $\mathbf{A}$ とスカラーポテンシャル φ から、4次元のベクトルポテンシャル A^μ（**4元ベクトルポテンシャル**）を

$$A^\mu = (\varphi,\, c\mathbf{A})$$
$$A_\mu = (\varphi,\, -c\mathbf{A}) \tag{6.5}$$

と定義します。この4元ベクトルポテンシャルを使うと、電場と磁場は、

$$
\begin{aligned}
c\mathbf{B}_x &= c\frac{\partial \mathbf{A}_z}{\partial y} - c\frac{\partial \mathbf{A}_y}{\partial z} \\
&= -\frac{\partial A_3}{\partial x^2} + \frac{\partial A_2}{\partial x^3} \\
&= \partial_3 A_2 - \partial_2 A_3
\end{aligned} \tag{6.6}
$$

および

$$
\begin{aligned}
\mathbf{E}_x &= -\frac{\partial \phi}{\partial x} - \frac{\partial \mathbf{A}_x}{\partial t} \\
&= -\frac{\partial A_0}{\partial x^1} + \frac{\partial A_1}{\partial x^0} \\
&= (\partial_0 A_1 - \partial_1 A_0)
\end{aligned}
$$

などとなります。ここで、4次元の反対称テンソル $F_{\mu\nu}$ を

$$
\begin{cases}
F_{\mu\nu} \equiv \partial_\mu A_\nu - \partial_\nu A_\mu \\
F_{\nu\mu} = -F_{\mu\nu}
\end{cases} \tag{6.7}
$$

によって定義します。この時、電場 $\mathbf{E}$ および磁束密度 $\mathbf{B}$ は、4次元の電磁場テンソル $F_{\mu\nu}$ を使って、

$$
\begin{aligned}
F_{23} &= \partial_2 A_3 - \partial_3 A_2 \\
&= -c\frac{\partial \mathbf{A}_z}{\partial y} + c\frac{\partial \mathbf{A}_y}{\partial z} = -c\mathbf{B}_x, \\
F_{12} &= \partial_1 A_2 - \partial_2 A_1, \\
&= -c\frac{\partial \mathbf{A}_y}{\partial x} + c\frac{\partial \mathbf{A}_x}{\partial y} = -c\mathbf{B}_z, \\
F_{01} &= \partial_0 A_1 - \partial_1 A_0 \\
&= -\frac{\partial \mathbf{A}_x}{\partial t} - \frac{\partial \phi}{\partial x} = \mathbf{E}_x\,.
\end{aligned} \tag{6.8}
$$

あるいは、

$$cB_x = -F_{23}, \quad cB_y = -F_{31}, \quad cB_z = -F_{12}$$
$$E_x = F_{01}, \quad E_y = F_{02}, \quad E_z = F_{03}$$
(6.9)

と書けます。また、$F_{\mu\nu}$ の定義から、

$$\partial_\mu F_{\nu\lambda} + \partial_\nu F_{\lambda\mu} + \partial_\lambda F_{\mu\nu} = 0$$
(6.10)

が成り立ちます。これらは次に示すように、マクスウェル方程式の第 3 式、第 4 式に他なりません。

$$\partial_0 F_{ij} + \partial_i F_{j0} + \partial_j F_{0i} = c\epsilon_{ijk}\partial_0 B_k - \partial_i E_j + \partial_j E_i$$
$$= \epsilon_{ijk}\left(\partial_t \mathbf{B} + \boldsymbol{\nabla} \times \mathbf{E}\right)_k$$
$$\partial_1 F_{23} + \partial_2 F_{31} + \partial_3 \lambda F_{12} = c\left(\partial_x B_x + \partial_y B_y + \partial_z B_z\right)$$
$$= c\boldsymbol{\nabla} \cdot \mathbf{B}$$

なお、この式（式 (6.10)）で三つの指標 μ, ν および λ のうち二つが等しい場合（例えば、$\mu = \lambda$）には、電磁場テンソルが反対称であることから、

$$\partial_\mu F_{\nu\lambda} + \partial_\nu F_{\lambda\mu} + \partial_\lambda F_{\mu\nu} = \partial_\mu F_{\nu\mu} + \partial_\nu F_{\mu\mu} + \partial_\mu F_{\mu\nu}$$
$$= \partial_\mu F_{\nu\mu} + 0 - \partial_\mu F_{\nu\mu} \equiv 0$$

と自明に 0 であることに注意しておきます。

さらに 4 次元の磁場／電束密度テンソル $H_{\mu\nu}$ と 4 次元の電流密度 j^μ を

$$\mathbf{H}_x = -H_{23}, \qquad \mathbf{H}_y = -H_{31}, \qquad \mathbf{H}_z = -H_{12}$$
$$c\mathbf{D}_x = H_{01}, \qquad c\mathbf{D}_y = H_{02}, \qquad c\mathbf{D}_z = H_{03}$$
$$H_{\mu\nu} = -H_{\nu\mu}$$
$$j^\mu = (c\rho, \mathbf{j}), \qquad j_\mu = (c\rho, -\mathbf{j})$$

で定義します。なお真空中では、$H_{\mu\nu}$ と $F_{\mu\nu}$ は、

$$H_{\mu\nu} = c\varepsilon_0 F_{\mu\nu} = \frac{1}{c\mu_0} F_{\mu\nu}$$

という比例関係にあることに注意しておきましょう（$c^2 = \frac{1}{\mu_0 \epsilon_0}$ であることに注意）。

マクスウェル方程式の第 1 式および第 2 式は

$$\sum_{k=x,y,z} \frac{\partial D_k}{\partial x_k} = \rho$$

$$\frac{\partial D_x}{\partial x} + \frac{\partial D_y}{\partial y} + \frac{\partial D_z}{\partial z} = \rho$$

$$\sum_{\nu=1,2,3} \frac{\partial H_{0\nu}}{\partial x^\nu} = c\rho = j_0$$

$$= -\partial^\nu H_{0\nu} \quad = j_0$$

および、

$$\frac{\partial \mathbf{H}_x}{\partial y} - \frac{\partial \mathbf{H}_y}{\partial x} - \frac{\partial \mathbf{D}_z}{\partial t} = \mathbf{j}_z$$

$$= \frac{\partial H_{23}}{\partial x^2} - \frac{\partial H_{31}}{\partial x^1} - \frac{\partial H_{03}}{\partial x^0} = -j_3$$

$$= \frac{\partial H_{32}}{\partial x_2} + \frac{\partial H_{31}}{\partial x_1} + \frac{\partial H_{30}}{\partial x_0} = -j_3$$

などとなります。これらの式は結局

$$\partial^\nu H_{\mu\nu} = -j_\mu$$

あるいは

$$\partial^\nu H_{\nu\mu} = j_\mu$$

という簡潔な式にまとめられることがわかります。

電荷の保存則も、

$$\frac{\partial \rho}{\partial t} + \boldsymbol{\nabla} \cdot \mathbf{j} = 0$$

$$\frac{\partial (c\rho)}{\partial (ct)} + \boldsymbol{\nabla} \cdot \mathbf{j} = 0$$

はローレンツ変換に対して共変な形式

$$\partial_\mu j^\mu = 0$$

と書くことができます。

以上をまとめることで、ローレンツ変換に対して共変な形式のマクスウェル方程式を次のように書くことができました。

$$\begin{cases} \partial_\mu F_{\nu\lambda} + \partial_\nu F_{\lambda\mu} + \partial_\lambda F_{\mu\nu} = 0 \\ \partial^\nu H_{\nu\mu} = j_\mu \\ \partial_\mu j^\mu = 0 \end{cases} \tag{6.11}$$

これらの方程式では、方程式の両辺はローレンツ変換に対して同じように（ベクトルならベクトル同士、テンソルならテンソル同士というように）変換されることが明らかです。

6.2　試験電荷が電流から受ける力

前節では、ローレンツ変換に対して共変な形式のマクスウェル方程式では電磁場はテンソルとして表現される一つの物理量として取り扱われることが明らかになりました。この節では、マクスウェル方程式が表現する、クーロンの法則／ガウスの法則、電磁誘導の法則、アンペールの法則などと、特殊相対性理論の要請するローレンツ変換に対する共変性との関係をよく理解するために次のような状況を考えましょう。

トータルの全荷電が0であるような電線を考えます。電線の中には、静止した電荷 ρ_I と速度 v_e で移動する電荷 ρ_e の2種類の電荷があると考えます。電線の中を速度 v で移動している電荷 ρ_e は電流 $\mathbf{j}_e = \rho_e \mathbf{v}_e$ を作り出しています。

アンペールの法則に従って、この電線（電流）の周りに静磁場が発生します。電場は全荷電が0なので発生しません。

$$\rho = \rho_e + \rho_I = 0$$

$$\mathbf{j} = \mathbf{j}_e + \mathbf{j}_I = \rho_e \mathbf{v}_e$$

この電線に対して静止している電荷 q_t に対しては、ローレンツ力は働きません。なぜなら、この系では、電場は無く、磁場に対する速度も0だからです。

ここで、電線内の電子が静止している慣性系（以下ではこの慣性系を運動系

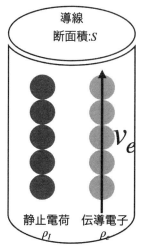
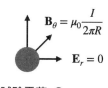

図 6.1 電流と試験電荷の間に働く力：電流が流れる導線の内部には（平均）速度 v で動いている伝導電子と静止した荷電粒子が存在し、各点での電荷の総和は 0 となっていると考えられます。電流は試験荷電の場所に磁場を作りだします。

と呼びます。また、導線が静止している慣性系を静止系と呼びます）を考えてみましょう。

この運動系では、電子は静止し、電線本体の荷電が速度 $-v_e$ で移動しています。

運動系での導線内の電荷の電荷密度を ρ'_I とすると、この系での電流 $\mathbf{j}'$ は、

$$\mathbf{j}' = -\rho'_I \mathbf{v}_e$$

です。

ガリレイ変換だけを考えると、この慣性系では、

$$\rho'_e + \rho'_I = 0$$

と予想されます。しかしこれでは電子の静止系で試験電荷は $-v_e$ で動いているのですから、電流 $\mathbf{j}'$ の作る磁場との相互作用で力（ローレンツ力）を受けてしまいます。

静止系と運動系の電荷密度と電流のローレンツ変換を電子による荷電およ

び電流 $(c\rho_e, \mathbf{j}_e)$ と電線本体の荷電および電流 $(c\rho_I, \mathbf{j}_I)$ についてそれぞれ考えると、

$$\begin{cases} c\rho'_I = \gamma\left(c\rho_I - \beta\mathbf{j}_{Ix}\right) = \gamma c\rho_I \\ c\rho'_e = \gamma\left(c\rho_e - \beta\mathbf{j}_{ex}\right) = \gamma\left(1 - \beta^2\right)c\rho_e = \dfrac{c\rho_e}{\gamma} \end{cases}$$

となります。ここで、

$$\mathbf{j}_I = 0$$

$$\mathbf{j}_e = \rho_e\mathbf{v}_e$$

を使いました。これより、観測系で荷電の和がゼロであるという条件：

$$\rho_e + \rho_I = 0$$

を使うと、運動系での電荷密度は、

$$\begin{aligned} \rho'_I + \rho'_e &= \gamma\rho_I + \frac{\rho_e}{\gamma} \\ &= \gamma\rho_I + \gamma\left(1 - \beta^2\right)\rho_e \\ &= \gamma\beta^2\rho_I = \beta^2\rho'_I \neq 0 \end{aligned}$$

となり、ゼロではなくなります。

試験電荷 q_T に働く力は、この電荷によるクーロン力と電流が作る磁場から受ける力の和となります。

$$\begin{cases} \mathbf{F}' = q_T\mathbf{E}' + q_T(-\mathbf{v}_e)\times\mathbf{B}' \\ E'_r = \dfrac{S}{2\pi\varepsilon_0}\dfrac{\rho'_e + \rho'_I}{r} \\ B'_\theta = \dfrac{\mu_0}{2\pi}\dfrac{j'S}{r} \end{cases}$$

より

$$\begin{aligned} \mathbf{F}'_r &= q\frac{S}{2\pi\varepsilon_0}\frac{\rho'_e + \rho'_I}{r} - q\mathbf{v}_e\frac{\mu_0}{2\pi}\frac{j'}{r} \\ &= \frac{qS}{2\pi\varepsilon_0 r}\left((1 - \gamma^{-2})\rho'_I - v_e{}^2\varepsilon_0\mu_0\rho'_I\right) \end{aligned}$$

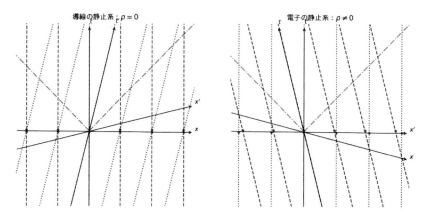

図 6.2 導線の静止系では、動いている伝導電子と静止したその他の荷電はお互いにキャンセルしあう密度で分布しています（左図では、座標軸 x では伝導電[点線]とそれ以外の荷電粒子[破線]は等間隔に分布しています）。伝導電子の静止系［右図］に移ると、伝導電子（点線）はローレンツ収縮の効果が消えるため密度が下がります。一方、その他の荷電（破線）はローレンツ収縮によって密度が上がります。なお、これらの図の2点鎖線は原点から出た光の軌跡を示しています。

です。

$$\gamma = \frac{1}{\sqrt{1 - v_e{}^2/c^2}}$$

を代入すれば、電線の運動系で見た時の荷電粒子が受ける力も 0 であることが確かめられます。

　つまり、電荷密度と電流がローレンツ変換のベクトルとして変換されることで、二つの慣性系で同じ（ローレンツ変換に対して共変な）マクスウェル方程式を使って導かれる物理的な現象は同じになることがわかります。

　クーロンの法則、アンペールの法則はローレンツ変換により共変なマクスウェル方程式に含まれていることの結果と考えることができます。

　あるいは、物理量が正しくローレンツ変換されることを考慮しないと、静止系と運動系で矛盾が起きてしまいます[1]。

　ここで、荷電（と電流）がローレンツ変換に従うことを認める代わりに、ロー

---

[1] ここでは、静止系で全電荷 0、電流 j の物理的状況として、運動する電子と静止している陽電荷を考えましたが、単純に 0 の電荷密度と有限な電流 ($j_0 \neq 0$) をローレンツ変換した電荷密度 ρ および電流密度 **j** から電場磁場を計算すれば、同じ物理状況は説明できます。

レンツ力の定義を変える等の方法も考えられます。いずれにせよこれは電磁場と荷電粒子がガリレイ変換に共変な方程式に従うという要請に他ならず、光速度が観測者の速度によらず一定であるという物理的観測事実に合わなくなってしまいます。

$$\rho' = \gamma \left(0 - \frac{v}{c} j_0 \right)$$
$$j' = \gamma \left(+j_0 - \frac{v}{c^2} 0 \right)$$

● 第 7 章 ●

電場・磁場の変換規則

　第6章では、マクスウェル方程式のローレンツ変換に対する共変性の要請から、座標のローレンツ変換：

$$x'^{\mu} = a^{\mu}{}_{\nu} x^{\nu}$$

に対して、電磁場 $F_{\mu\nu}$ は2階のテンソルとして変換されることがわかりました。

　以下では、具体的なローレンツ変換の例として、x 軸方向に速度 v で移動する系を考えます（図3.1）。

　まず、x 軸方向に速度 v で移動する系 $\Sigma'(x'_0 = ct, x', y', z')$ へのローレンツ変換の係数 $a^{\mu}{}_{\nu}$ は、

$$a^{\mu}{}_{\nu} = \begin{pmatrix} \gamma, & -\gamma\beta, & 0, & 0 \\ -\gamma\beta, & \gamma, & 0, & 0 \\ 0, & 0, & 1, & 0 \\ 0, & 0, & 0, & 1 \end{pmatrix}$$

です。ここで、β および γ はこれまでと同様に、

$$\begin{cases} \beta = \dfrac{v}{c}, \\ \gamma = \dfrac{1}{\sqrt{1 - \beta^2}} \end{cases}$$

と定義されています。この時、共変ベクトルの変換係数 $a_{\mu}{}^{\nu}$ は

$$a_\mu{}^\nu = \eta_{\mu\rho}\eta^{\nu\sigma}a^\rho{}_\sigma$$

$$= \begin{pmatrix} \gamma, & +\gamma\beta, & 0, & 0 \\ +\gamma\beta, & \gamma, & 0, & 0 \\ 0, & 0, & 1, & 0 \\ 0, & 0, & 0, & 1 \end{pmatrix}$$

です。これらの変換係数がローレンツ変換の条件式：

$$\eta_{\mu\nu} = \eta_{\rho\sigma}a^\rho{}_\mu a^\sigma{}_\nu$$

を満たすことは、

$$\eta_{\rho\sigma}a^\rho{}_\mu a^\sigma{}_\nu = \begin{pmatrix} \gamma, & -\gamma\beta, & 0, & 0 \\ -\gamma\beta, & \gamma, & 0, & 0 \\ 0, & 0, & 1, & 0 \\ 0, & 0, & 0, & 1 \end{pmatrix} \begin{pmatrix} 1, & 0, & 0, & 0 \\ 0, & -1, & 0, & 0 \\ 0, & 0, & -1, & 0 \\ 0, & 0, & 0, & -1 \end{pmatrix}$$

$$\times \begin{pmatrix} \gamma, & -\gamma\beta, & 0, & 0 \\ -\gamma\beta, & \gamma, & 0, & 0 \\ 0, & 0, & 1, & 0 \\ 0, & 0, & 0, & 1 \end{pmatrix}$$

$$= \begin{pmatrix} \gamma, & \gamma\beta, & 0, & 0 \\ -\gamma\beta, & -\gamma, & 0, & 0 \\ 0, & 0, & -1, & 0 \\ 0, & 0, & 0, & -1 \end{pmatrix} \begin{pmatrix} \gamma, & -\gamma\beta, & 0, & 0 \\ -\gamma\beta, & \gamma, & 0, & 0 \\ 0, & 0, & 1, & 0 \\ 0, & 0, & 0, & 1 \end{pmatrix}$$

$$= \begin{pmatrix} 1, & 0, & 0, & 0 \\ 0, & -1, & 0, & 0 \\ 0, & 0, & -1, & 0 \\ 0, & 0, & 0, & -1 \end{pmatrix}$$

(7.1)

と確認できます。

- **ヒント：** SageMath を使って式 (7.1) を確認してみます。

52 第7章 電場・磁場の変換規則

```
var("b",latex_name=r"\beta");var("g",latex_name=r"\gamma");
assume( -1 <= b <= 1)}
g=1/sqrt(1-b**2)
ma=matrix(((g,-b*g,0,0),(-b*g,g,0,0),(0,0,1,0),(0,0,0,1)))
show((ma *
    matrix(((1,0,0,0),(0,-1,0,0),(0,0,-1,0),(0,0,0,-1))) *
    ma ).apply_map(lambda e:e.simplify_full()))
```

$$
\begin{pmatrix}
1 & 0 & 0 & 0 \\
0 & -1 & 0 & 0 \\
0 & 0 & -1 & 0 \\
0 & 0 & 0 & -1
\end{pmatrix}
$$

7.1 復習：ローレンツ共変形式のマクスウェル方程式

ここで、ローレンツ変換に対して共変な形式のマクスウェル方程式を再度ま
とめておきます。A^μ は4元ベクトルポテンシャル、$F_{\mu\nu}$ および $H_{\mu\nu}$ は電磁
場を表す2階のテンソルでした。真空中では、

$$
H_{\mu\nu} = c\varepsilon_0 F_{\mu\nu} = \frac{1}{c\mu_0} F_{\mu\nu} \tag{7.2}
$$

の関係があります。

7.1 復習：ローレンツ共変形式のマクスウェル方程式

$$A^\mu = (\varphi, c\mathbf{A})$$
$$= (\varphi, A_x, A_y, A_z)$$
$$A_\mu = (\varphi, -c\mathbf{A})$$
$$= (\phi, -cA_x, -cA_y, -cA_z)$$
$$F_{\mu\nu} \equiv \partial_\mu A_\nu - \partial_\nu A_\mu \tag{7.3}$$
$$F_{\mu\nu} = -F_{\nu\mu}$$
$$j^\mu = (c\rho, \mathbf{j}),$$
$$j_\mu = (c\rho, -\mathbf{j})$$

を使うと、マクスウェル方程式は、ローレンツ変換に対して共変な形式：

$$\partial_\mu F_{\nu\lambda} + \partial_\nu F_{\lambda\nu} + \partial_\lambda F_{\mu\nu} = 0$$
$$\partial^\nu H_{\nu\mu} = j_\mu \tag{7.4}$$

を使って表現できます。

真空中では、マクスウェル方程式は式 (7.2) の関係式で $H_{\mu\nu}$ を書き換えることで、

$$F_{\mu\nu} \equiv \partial_\mu A_\nu - \partial_\nu A_\mu$$
$$\partial^\nu F_{\nu\mu} = \frac{1}{c\varepsilon_0} j_\mu = c\mu_0 j_\mu \tag{7.5}$$

に帰着します。

7.1.1 電場・磁場の成分表示

ローレンツ変換について共変な電場・磁場：

$$F_{\mu\nu} \equiv \partial_\mu A_\nu - \partial_\nu A_\mu \tag{7.6}$$

を通常の電場 $\mathbf{E}$、磁場 $\mathbf{B}$ を使って書き下してみましょう：

$$F_{\mu\nu} = -F_{\nu\mu}$$

$$F_{0k} = \partial_0 A_k - \partial_k A_0 = E_k = -\boldsymbol{\nabla}\varphi - \frac{\partial}{\partial t}\mathbf{A}$$

$$F_{ij} = -c\partial_i A_j + c\partial_j A_i = -c\epsilon_{ijk}B_k = -c\boldsymbol{\nabla}\times\mathbf{A}$$

$$F^{0k} = -F_{0k} = -E_k \tag{7.7}$$

$$F^{ij} = F_{ij} = -c\epsilon_{ijk}B_k$$

$$cB_x = -F_{23}, \ cB_y = -F_{31}, \ cB_z = -F_{12}$$

$$E_x = F_{01}, \ E_y = F_{02}, \ E_z = F_{03}$$

となって、共変な電磁場 $F_{\mu\nu}$ は 3 次元空間での電場 $\mathbf{E}$ および磁束密度 $\mathbf{B}$ に対応していました。また、$H_{\mu\nu}$ は 3 次元空間での電束密度 $\mathbf{D}$ および磁場 $\mathbf{H}$ に結び付けられています。

$$H_{0k} = c\mathbf{D}_k$$

$$H_{ij} = -\epsilon_{ijk}\mathbf{H}_k$$

$$H^{0k} = -c\mathbf{D}_k \tag{7.8}$$

$$H^{ij} = -\epsilon_{ijk}\mathbf{H}_k$$

7.2　電荷の分布と電流の関係

電荷密度（ρ）および電流密度（$\mathbf{j}$）は 4 元ベクトルとして変換されますから、変換式は：

$$\begin{cases} c\rho' = \gamma\left(c\rho - \beta j_x\right) \\ j_x' = \gamma\left(-\beta c\rho + j_x\right) \\ j_y' = j_y \\ j_z' = j_z \end{cases} \quad \text{および} \quad \begin{cases} c\rho = \gamma\left(c\rho' + \beta j_x'\right) \\ j_x = \gamma\left(\beta c\rho' + j_x'\right) \\ j_y = j_y' \\ j_z = j_z' \end{cases} \tag{7.9}$$

です。観測系に対して、速度（v）で運動している系 (x_0', x', y', z') と共に動いている点電荷 Q を考えると、この系での電荷密度（$\rho'(x')$）と電流密度（$\mathbf{j}'(x')$）

はデルタ関数を用いて：

$$
\begin{cases}
c\rho'(x') = cQ\delta(x')\delta(y')\delta(z'), \\
\mathbf{j}'(x') = \mathbf{0}
\end{cases}
$$

です。観測系での電荷密度と電流は、ローレンツ変換を用いて：

$$
\begin{cases}
\begin{aligned}
c\rho(x) &= \gamma\left(c\rho'(x') + \beta j'_x(x')\right) = \gamma cQ\delta(x')\delta(y')\delta(z') \\
&= \gamma cQ\delta(\gamma(x - \beta x_0))\delta(y)\delta(z) = \gamma cQ\delta(\gamma(x - vt))\delta(y)\delta(z) \\
&= cQ\delta(x - vt)\delta(y)\delta(z) \\
j_x(x) &= \gamma\left(\beta c\rho'(x') + j'_x(x')\right) \\
&= \gamma cQ\beta\delta(\gamma(x - vt))\delta(y)\delta(z) \\
&= Qv\delta(x - vt)\delta(y)\delta(z)
\end{aligned}
\end{cases}
$$

と求められます。このように、移動する点電荷 Q は電流を作ることがわかります。ここで、デルタ関数（$\delta(x)$）の性質：$a\delta(ax) \equiv \delta(x)$ を用いていることに注意しましょう。

7.3　電磁場テンソルの変換規則

電磁場テンソル $F_{\mu\nu}$ の変換規則をさらに詳しくみてみましょう。

電磁場テンソル $F_{\mu\nu}$ の変換規則

$$
F'_{\mu\nu} = a_\mu{}^\rho a_\nu{}^\sigma F_{\rho\sigma}
$$

から式 (7.7) の関係を用いて、電場 $\mathbf{E}$ および磁束密度 $\mathbf{B}$ のローレンツ変換に対する変換規則を書き下して見ましょう。

まず電場は、ローレンツ変換によって

$$E'_x = F'_{01} = a_0{}^\mu a_1{}^\nu F_{\mu\nu}$$
$$= a_0{}^0 a_1{}^1 F_{01} + a_0{}^1 a_1{}^0 F_{10}$$
$$\qquad + a_0{}^1 a_1{}^1 F_{11} + a_0{}^0 a_1{}^0 F_{00}$$
$$= \gamma^2 E_x - \gamma^2 \beta^2 E_x$$
$$= E_x$$
$$E'_y = F'_{02} = a_0{}^\mu a_2{}^\nu F_{\mu\nu} \qquad (7.10)$$
$$= a_0{}^0 a_2{}^2 F_{02} + a_0{}^1 a_2{}^2 F_{12}$$
$$= \gamma E_y - \gamma\beta c B_z$$
$$E'_z = F'_{03} = a_0{}^\mu a_3{}^\nu F_{\mu\nu}$$
$$= a_0{}^0 a_3{}^3 F_{03} + a_0{}^1 a_3{}^3 F_{i3}$$
$$= \gamma E_z + \gamma\beta c B_y$$

と変換されることがわかります。

また、磁場についても同様の計算を行うと、

$$cB'_x = F'_{32} = a_3{}^\mu a_2{}^\nu F_{\mu\nu}$$
$$= a_3{}^3 a_2{}^2 F_{32}$$
$$= cB_x$$
$$cB'_y = F'_{13} = a_1{}^\mu a_3{}^\nu F_{\mu\nu}$$
$$= a_1{}^0 a_3{}^3 F_{03} + a_1{}^1 a_3{}^3 F_{13} \qquad (7.11)$$
$$= \gamma\beta E_z + \gamma c B_y$$
$$cB'_z = F'_{21} = a_2{}^\mu a_1{}^\nu F_{\mu\nu}$$
$$= a_2{}^2 a_1{}^0 F_{20} + a_2{}^2 a_1{}^1 F_{21}$$
$$= -\gamma\beta E_y + \gamma c B_z$$

となります。これらの結果をまとめておくと、

$$\begin{cases} E'_x = E_x \\ E'_y = \gamma E_y - \gamma\beta c B_z \\ E'_z = \gamma E_z + \gamma\beta c B_y \\ cB'_x = cB_x \\ cB'_y = \gamma\beta E_z + \gamma c B_y \\ cB'_z = -\gamma\beta E_y + \gamma c B_z \end{cases} \tag{7.12}$$

となります。このように、マクスウェル方程式と特殊相対性理論から、電場と磁場のそれぞれの成分は一つの電磁場の成分であって、お互いに観測者の速度に従って混じり合うように見えるということがわかります。

7.4 移動する荷電粒子の作る電磁場

前節では、観測者の立場の違いに従って電場と磁場はお互いに混じり合うことが示されました。これの具体的な例として、速度 v で x 方向に移動する点電荷 Q が作る電場、磁場について考察してみましょう。点電荷の静止系（Σ'）では、電荷密度と電流密度は、

$$\begin{cases} \rho' = Q\delta(x')\delta(y')\delta(z') \\ \mathbf{j}'_x = \mathbf{j}'_y = \mathbf{j}'_z = 0 \end{cases}$$

となっています。ここで $\delta(x')$ は**ディラックのデルタ関数**を表しています。

この観測系では、静止した電荷によってガウスの法則に従って、球対称な電場 $\mathbf{E}'$：

$$\mathbf{E}' = \frac{1}{4\pi\varepsilon_0}\frac{Q}{R'^3}\mathbf{R}'$$

が観測されます。成分ごとに書き下すと、

58　　第7章　電場・磁場の変換規則

$$\begin{cases} E'_x = \dfrac{Q}{4\pi\varepsilon_0}\dfrac{x'}{R'^3} \\[2mm] E'_y = \dfrac{Q}{4\pi\varepsilon_0}\dfrac{y'}{R'^3} \\[2mm] E'_z = \dfrac{Q}{4\pi\varepsilon_0}\dfrac{z'}{R'^3} \end{cases}$$

です。

　この系（点電荷が静止している系）では、電流はありません（$\mathbf{j}' = \mathbf{0}$）ので、磁場 $\mathbf{B}'$ もありません。

$$\mathbf{B}' = \mathbf{0}$$

これらから、電荷が速度 $\mathbf{v}$ で移動しているように見える観測者（Σ）が観測する電場・磁場を、前節で求めた電場・磁場の変換規則を使って、求めてみましょう。

　観測者の座標系（Σ）を t, x, y, z、点電荷の静止系（Σ'）での座標を t', x', y', z' とすると、ローレンツ変換：

$$\begin{cases} x' = \gamma\left(x - \beta ct\right) = \gamma\left(x - vt\right) \\ y' = y \\ z' = z \\ ct' = \gamma\left(ct - \beta x\right) \end{cases}$$

$$\text{ここで、} \gamma = \dfrac{1}{\sqrt{1 - \beta^2}}, \, \beta = \dfrac{v}{c}$$

によってこれらの座標は関係付けられています。この時、観測者の座標系での電磁場は、電荷の静止系の電場を用いて

$$\begin{cases} E_x(\mathbf{x}, t) = E'_x(\mathbf{x}', t') \\ E_y(\mathbf{x}, t) = \gamma E'_y(\mathbf{x}', t') + \gamma\beta c B'_z(\mathbf{x}', t') \\ E_z(\mathbf{x}, t) = \gamma E'_z(\mathbf{x}', t') - \gamma\beta c B'_y(\mathbf{x}', t') \\ cB_x(\mathbf{x}, t) = cB'_x(\mathbf{x}', t') \\ cB_y(\mathbf{x}, t) = -\gamma\beta E'_z(\mathbf{x}', t') + \gamma c B'_y(\mathbf{x}', t') \\ cB_z(\mathbf{x}, t) = \gamma\beta E'_y(\mathbf{x}', t') + \gamma c B'_z(\mathbf{x}', t') \end{cases}$$

7.4　移動する荷電粒子の作る電磁場　　59

とかけますから、観測系での電場磁場は次のようになります。

$$
\begin{cases}
E_x(\mathbf{x},t) = \dfrac{Q}{4\pi\varepsilon_0}\dfrac{\gamma\,(x-vt)}{R'^3} \\[2mm]
E_y(\mathbf{x},t) = \dfrac{\gamma}{4\pi\varepsilon_0}\dfrac{y}{R'^3} \\[2mm]
E_z(\mathbf{x},t) = \dfrac{\gamma}{4\pi\varepsilon_0}\dfrac{z}{R'^3} \\[2mm]
cB_x(\mathbf{x},t) = 0 \\[2mm]
cB_y(\mathbf{x},t) = -\dfrac{\gamma\beta Q}{4\pi\varepsilon_0}\dfrac{z}{R'^3} \\[2mm]
cB_z(\mathbf{x},t) = \dfrac{\gamma\beta Q}{4\pi\varepsilon_0}\dfrac{y}{R'^3}
\end{cases}
$$

ここで $R' = \sqrt{x'^2+y'^2+z'^2} = \sqrt{\gamma^2(x-vt)^2+y^2+z^2}$ としました。

観測系での電荷分布と電流密度は

$$
\begin{cases}
c\rho(\mathbf{x},t) = \gamma\,(c\rho'+\beta j'_x) = c\gamma\rho' \\[1mm]
\qquad\quad = c\gamma Q\delta(x')\delta(y')\delta(z') \\[1mm]
\qquad\quad = c\gamma Q\delta\left(\gamma(x-vt)\right)\delta(y)\delta(z) \\[1mm]
\qquad\quad = cQ\delta(x-vt)\delta(y)\delta(z) \\[1mm]
j_x(\mathbf{x},t) = \gamma\,(j'_x+v\rho') = v\gamma\rho' \\[1mm]
\qquad\quad = vQ\delta(x-vt)\delta(y)\delta(z) \\[1mm]
j_y(\mathbf{x},t) = j'_y = 0 \\[1mm]
j_z(\mathbf{x},t) = j'_z = 0
\end{cases}
$$

となり、移動する点電荷 Q と電荷の進行方向の電流 $\mathbf{j}=Qv\,\mathbf{e}_x$ が観測されることになります。

時刻 $t=0$ で電場強度が等しくなる点の3次元空間内の曲面は、

$$
\frac{\gamma^2\left(x^2+y^2+z^2\right)}{\left(\gamma^2 x^2+y^2+z^2\right)^3} = \text{一定}
$$

を満たします。この形状を調べるために、SageMath の contour_plot() を用いて、電場強度の分布（等高線図）を描いてみましょう。結果は図 7.1 のようになります。

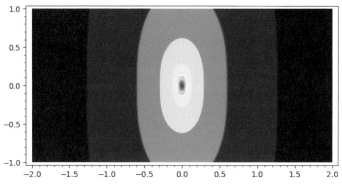

図 7.1 一定の速度 $\frac{v}{c} = \frac{4}{5}, \gamma = \frac{5}{3}$ で動いている点電荷の周りの電場強度の分布。

このように、動いている点電荷の周りの電場は、進行方向に対して、扁平な形に圧縮されていることがわかります。

なお、第14.5節「一様速度で動く点電荷の作るポテンシャル」でもこの問題を異なった観点から取り上げます。

● **ヒント：** SageMath の `implicit_plot3d()` を用いることで、変形された電磁場を表示してみることもできます。結果は図7.2のようになります。

```
var('x y z')
gamma=(5/3)
plt=implicit_plot3d((x^2+y^2+z^2) ==
↪(gamma**2*x**2+y**2+z**2)**3,
    (x,-1,1), (y,-1,1), (z,-1,1),
    plot_points=120,
    )


show(plt)
```

```
<Graphics Object>
```

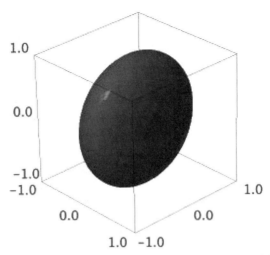

図 7.2 一定の速度 $\frac{v}{c} = \frac{4}{5}, \gamma = \frac{5}{3}$ で動いている点電荷の周りの電場強度の分布。

7.5 互いに逆方向に走る逆符号の電荷を持つ点電荷の作る電磁場

前節の結果を用いて、お互いに反対方向に等速度で動く逆符号の電荷を持つ二つの点電荷が作る電磁場を調べてみましょう。点電荷はそれぞれ、x軸に沿って速度 v で反対方向に運動していて、時刻 $t = 0$ でどちらも原点を通過すると考えます。

この時、電荷密度および電流密度は、

$$\begin{cases} c\rho(\mathbf{x}, t) = cQ\delta(x - vt)\delta(y)\delta(z) - cQ\delta(x + vt)\delta(y)\delta(z) \\ j_x(\mathbf{x}, t) = vQ\delta(x - vt)\delta(y)\delta(z) + vQ\delta(x + vt)\delta(y)\delta(z) \\ j_y(\mathbf{x}, t) = j'_y = 0 \\ j_z(\mathbf{x}, t) = j'_z = 0 \end{cases}$$

となります。また、電場および磁場は、次の式で与えられます。

$$\begin{cases} E_x = \dfrac{\gamma Q}{4\pi\varepsilon_0}\left(\dfrac{(x-vt)}{R'_1{}^3} - \dfrac{(x+vt)}{R'_2{}^3}\right) \\ E_y = \dfrac{\gamma Q}{4\pi\varepsilon_0}\left(\dfrac{y}{R'_1{}^3} - \dfrac{y}{R'_2{}^3}\right) \\ E_z = \dfrac{\gamma Q}{4\pi\varepsilon_0}\left(\dfrac{z}{R'_1{}^3} - \dfrac{z}{R'_2{}^3}\right) \\ cB_x = 0 \\ cB_y = -\dfrac{\gamma\beta Q}{4\pi\varepsilon_0}\left(\dfrac{z}{R'_1{}^3} + \dfrac{z}{R'_2{}^3}\right) \\ cB_z = \dfrac{\gamma\beta Q}{4\pi\varepsilon_0}\left(\dfrac{y}{R'_1{}^3} + \dfrac{y}{R'_2{}^3}\right) \end{cases}$$

ここで $R'_1 = \sqrt{\gamma^2(x-vt)^2 + y^2 + z^2}, R'_2 = \sqrt{\gamma^2(x+vt)^2 + y^2 + z^2}$ としました。

電荷密度および電場は $t=0$ でいずれも0となりますが、電流密度および磁場は時刻 $t=0$ でも0にはならないことに注意しましょう。

この時の電場、磁場の時間変化を図7.3に示します。

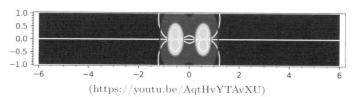

(https://youtu.be/AqtHvYTAvXU)

図 7.3 一定の速度 $\frac{v}{c} = \frac{4}{5}, \gamma = \frac{5}{3}$ でお互いに逆の方向に動いている二つの点電荷の周りの電場強度の分布。

次に光速度に比べ十分遅い速度 $v/c = 0.005$ でお互いに反対方向に動いている荷電粒子によって作られる電磁場を見てみましょう（図7.4〜図7.6）。

7.6 完全反対称テンソル

完全反対称テンソル $\epsilon_{\mu\nu\rho\sigma}$ は

7.6 完全反対称テンソル

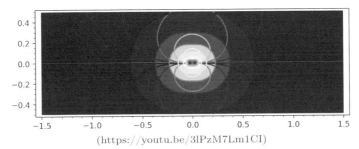

(https://youtu.be/3lPzM7Lm1CI)

図 7.4 一定の速度 $\frac{v}{c} = 0.005$ でお互いに逆の方向に動いている二つの点電荷の周りの電場強度の分布。二つの荷電粒子が原点のごく近くにある場合：二つの粒子の作る電場の重なりによって、電気双極子型の電場分布に近い電場となっています。

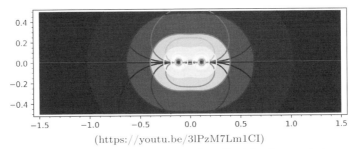

(https://youtu.be/3lPzM7Lm1CI)

図 7.5 一定の速度 $\frac{v}{c} = 0.005$ でお互いに逆の方向に動いている二つの点電荷の周りの電場強度の分布。二つの荷電粒子がお互いに距離を持つ場合。

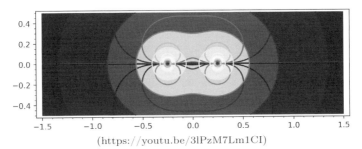

(https://youtu.be/3lPzM7Lm1CI)

図 7.6 一定の速度 $\frac{v}{c} = 0.005$ でお互いに逆の方向に動いている二つの点電荷の周りの電場強度の分布。さらに、二つの荷電粒子の距離が十分に大きい場合：それぞれの電荷の周りではほぼ球対称なクーロン場となっています。

$$\epsilon_{\mu\nu\rho\sigma} \equiv \begin{cases} 1 & (\mu,\nu,\rho,\sigma) \ \text{が} \ (0,1,2,3) \ \text{の偶置換の場合} \\ -1 & \text{奇置換の場合} \end{cases} \tag{7.13}$$

で定義されます。この定義から、ローレンツ変換 $a^\mu{}_\nu$ に対して、$\epsilon_{\mu\nu\rho\sigma}$ は

$$\epsilon_{\mu\nu\rho\sigma} \to a^\mu{}_{\mu'} a^\nu{}_{\nu'} a^\rho{}_{\rho'} a^\sigma{}_{\sigma'} \epsilon_{\mu'\nu'\rho'\sigma'}$$
$$= \det\{(a)\} \epsilon_{\mu\nu\rho\sigma} = \epsilon_{\mu\nu\rho\sigma} \tag{7.14}$$

と4次元テンソルとして振る舞うことがわかります。

ここで、$\epsilon_{\mu\nu\rho\sigma} F^{\mu\nu} F^{\rho\sigma}$ を考えてみましょう。この量は、全ての座標の指標について共変成分と反変成分について縮約されていることから、ローレンツスカラーすなわち座標変換によって変化しない量であることがわかります。この量を電磁場で書き下すと、

$$\epsilon_{\mu\nu\rho\sigma} F^{\mu\nu} F^{\rho\sigma} = 4\epsilon_{0ijk} F^{0i} F^{jk}$$
$$= 8E_i c B_i = 8c\mathbf{E} \cdot \mathbf{B} \tag{7.15}$$

です。つまり $\mathbf{E} \cdot \mathbf{B}$ は慣性系の取り方に依存しないスカラー量です。特に電場と磁場がある慣性系で直交（$\mathbf{E} \cdot \mathbf{B} = 0$）していれば、どの観測系（慣性系）でみても電場と磁場は直交していることが導かれます。

ついでに、$F_{\mu\nu}$ から作られるローレンツスカラー量 $F_{\mu\nu} F^{\mu\nu}$ を電磁場で書き表すと、

$$F_{\mu\nu} F^{\mu\nu} = 2F_{0\nu} F^{0\nu} + F_{ij} F^{ij}$$
$$= -2\mathbf{E} \cdot \mathbf{E} + 2c^2 \mathbf{B} \cdot \mathbf{B} \tag{7.16}$$
$$= -2\left(\mathbf{E} \cdot \mathbf{E} - c^2 \mathbf{B} \cdot \mathbf{B} \right)$$

となります。この量の物理的な意味は、第13.2節で明らかになります。

7.6.1 ローレンツ群の表現とスピノル場

ローレンツ群の任意の変換は特殊ローレンツ変換、$\mathbf{\Lambda}_x(\beta)$ と3次元回転、$\mathbf{R}(\boldsymbol{\omega})$、の積で書き表すことができます。

$$\Lambda = \mathbf{R}(\boldsymbol{\omega}_1) \, \mathbf{\Lambda}_x(\beta) \, \mathbf{R}(\boldsymbol{\omega}_2) \tag{7.17}$$

ここで ω_1 および ω_2 はそれぞれ回転軸と回転角度の3つの自由度を持ちます。また特殊ローレンツ変換は慣性系の相対速度 $v = c\beta$ の1自由度を持ちます。特殊ローレンツ変換は相対速度の軸の周りの回転と可換ですから、回転の自由度は一つ減って、結局ローレンツ群は6自由度を持つことがわかります。

これは、無限小のローレンツ変換

$$a^\mu{}_\nu = \delta^\mu{}_\nu + \epsilon^\mu{}_\nu \tag{7.18}$$

からも説明されます。ローレンツ変換の条件式

$$\eta_{\mu\nu} = \eta_{\lambda\sigma}a^\lambda{}_\mu a^\sigma{}_\nu \tag{7.19}$$

より無限小ローレンツ変換のパラメータは次の条件を満たすことがわかります。

$$\epsilon_{\mu\nu} + \epsilon_{\nu\mu} = 0 \tag{7.20}$$

すなわち、無限小ローレンツ変換は、反対称なテンソルで表される6自由度 $((4*4-4)/2 = 6)$ を持ちます。

3次元回転群はよく知られているように、スピノル表現として知られる2価の表現を持ちます。ローレンツ群の表現はその部分群である3次元回転群の表現を含みますから、その表現もスピノルによる2価表現を含んでいます。相対的場の理論でのフェルミオンを表すディラック場はこのスピノル表現の例です。

一般にローレンツ群 $O(3,1)$ は二つの $SU(2)$ に分解可能であることが知られています。$SU(2)$ は3次元回転群 $SO(3)$ と同形であることが知られていますから、この $SU(2)$ の構造がスピノル表現を与えています。

ローレンツ群の無限小変換は3次元回転の生成子 J_{ij} とローレンツブースト K_i で完全に記述することができます。

7.6.2 練習問題：一般のローレンツ変換

運動系 K' 系が静止系 K 系に対して速度 **v** で運動している時のローレンツ変換を求めましょう。

● **解** ベクトル **x** を速度 **v** に対して平行な成分 $\mathbf{x}_\parallel$ と鉛直な成分 $\mathbf{x}_\perp$ に分解

66　第 7 章　電場・磁場の変換規則

します。

$$x_\parallel = \mathbf{x} \cdot \mathbf{v}/v$$
$$\mathbf{x}_\perp = \mathbf{x} - x_\parallel \left(\mathbf{v}/v\right) \tag{7.21}$$
$$\mathbf{x} = \mathbf{x}_\perp + x_\parallel \mathbf{v}/v$$

これを速度 $\mathbf{v} = c\boldsymbol{\beta}$ の方向にローレンツ変換すると

$$\mathbf{x}'_\parallel = \gamma \left(x_\parallel - \beta ct\right) \mathbf{v}/v$$
$$\mathbf{x}'_\perp = \mathbf{x}_\perp = \mathbf{x} - x_\parallel \left(\mathbf{v}/v\right) \tag{7.22}$$
$$ct' = \gamma \left(ct - \beta x_\parallel\right)$$

です。これから、一般的な速度ベクトル $\mathbf{v}$ に対するローレンツ変換が導かれます。

$$\begin{aligned}
\mathbf{x}' &= \mathbf{x}'_\parallel + \mathbf{x}'_\perp \\
&= \gamma \left(x_\parallel - \beta ct\right) \mathbf{v}/v + \mathbf{x} - x_\parallel \left(\mathbf{v}/v\right) \\
&= \mathbf{x} + (\gamma - 1)\,\mathbf{x}\cdot\mathbf{v}/v^2\,(\mathbf{v}) - \gamma\boldsymbol{\beta}ct \\
ct' &= \gamma \left(ct - \beta\mathbf{v}\cdot\mathbf{x}/v\right)
\end{aligned} \tag{7.23}$$

ここで、

$$\boldsymbol{\beta} \equiv \frac{\mathbf{v}}{c}$$

を使いました。

ローレンツ変換の変換係数行列の形に書くと、

$$a^\mu{}_\nu = \begin{pmatrix}
\gamma, & -\gamma\beta_x, & -\gamma\beta_y, & -\gamma\beta_z \\
-\gamma\beta_x, & 1 + (\gamma-1)\beta_x^2/\beta^2, & (\gamma-1)\beta_x\beta_y/\beta^2, & (\gamma-1)\beta_x\beta_z/\beta^2 \\
-\gamma\beta_y, & (\gamma-1)\beta_y\beta_x/\beta^2, & 1 + (\gamma-1)\beta_y^2/\beta^2, & (\gamma-1)\beta_y\beta_z/\beta^2 \\
-\gamma\beta_z, & (\gamma-1)\beta_x\beta_z/\beta^2, & (\gamma-1)\beta_y\beta_z/\beta^2, & 1 + (\gamma-1)\beta_z^2/\beta^2
\end{pmatrix} \tag{7.24}$$

となります。

次に、座標（ベクトル）と同様に、電場／磁場を座標系の移動速度について

平行な成分と鉛直な成分に分けることを考えます。

$$E_\| = \mathbf{E} \cdot \boldsymbol{\beta}/\beta$$
$$\mathbf{E}_\perp = \mathbf{E} - E_\|\boldsymbol{\beta}/\beta$$
$$B_\| = \mathbf{B} \cdot \boldsymbol{\beta}/\beta \tag{7.25}$$
$$\mathbf{B}_\perp = \mathbf{B} - B_\|\boldsymbol{\beta}/\beta$$

ローレンツ変換でこれらの電磁場は

$$E'_\| = E_\|$$
$$\mathbf{E}'_\perp = \gamma\left(\mathbf{E}_\perp + \boldsymbol{\beta} \times c\mathbf{B}\right) = \gamma\left(\mathbf{E}_\perp + \boldsymbol{\beta} \times c\mathbf{B}_\perp\right)$$
$$B'_\| = B_\| \tag{7.26}$$
$$c\mathbf{B}'_\perp = \gamma\left(c\mathbf{B}_\perp - \boldsymbol{\beta} \times \mathbf{E}\right) = \gamma\left(c\mathbf{B}_\perp - \boldsymbol{\beta} \times \mathbf{E}_\perp\right)$$

と変換されます。

特に $\mathbf{v} = v\mathbf{e}_x$ の場合を考えると、

$$E'_x = E_x$$
$$E'_y = \gamma\left(E_y - \beta B_z\right)$$
$$E'_z = \gamma\left(E_z + \beta B_y\right)$$
$$B'_x = B_x \tag{7.27}$$
$$cB'_y = \gamma\left(cB_y + \beta E_z\right)$$
$$cB'_z = \gamma\left(cB_z - \beta E_y\right)$$

となります。

4元速度ベクトル $\beta^\mu = (\gamma, \gamma\beta_x, \gamma\beta_y, \gamma\beta_z)$ $(\beta_\mu\beta^\mu = 1)$ を導入して、次の式で定義される二つの4元ベクトルを考えてみましょう。

$$F_{\mu\nu}\beta^\nu \tag{7.28}$$

および

$$\epsilon^{\mu\nu\lambda\sigma}F_{\nu\lambda}\beta_\sigma \tag{7.29}$$

この時、これらのベクトルを成分で書き下してみると、

$$F_{0\nu}\beta^{\nu} = F_{01}\gamma\beta_x + F_{02}\gamma\beta_y + F_{03}\gamma\beta_z = \gamma\beta E_{\parallel}$$
$$F_{1\nu}\beta^{\nu} = F_{10}\gamma + F_{12}\gamma\beta_y + F_{13}\gamma\beta_z \tag{7.30}$$
$$= \gamma\left(\mathbf{E} + c\beta \times \mathbf{B}\right)_x$$

また、

$$\epsilon^{0ijk}F_{ij}\beta_k = 2c\mathbf{B}_k\beta_k = 2c\mathbf{B}\cdot\beta = 2c\beta B_{\parallel}$$
$$\epsilon^{1\nu\lambda\sigma}F_{\nu\lambda}\beta_{\sigma} = \epsilon^{10jk}F_{0j}\beta_k\epsilon^{1k0j}F_{k0}\beta_j + \epsilon^{1jk0}F_{jk}\beta_0$$
$$= \epsilon^{10jk}\left(F_{0j}\beta_k + F_{k0}\beta_j + F_{jk}\beta_0\right) \tag{7.31}$$
$$= \epsilon^{10jk}\left(F_{0j}\beta_k - F_{k0}\beta_j + F_{jk}\gamma\right)$$
$$= 2\gamma\left(c\mathbf{B} - \beta \times \mathbf{E}\right)_x$$

となります。これらは上記の速度の方向に平行な成分と鉛直な成分に一致しています。

7.7　物質中でのマクスウェル方程式

　物質中では、**誘電率**を ε、**透磁率**を μ とすると、物質に対して静止した系で、電場／磁場と電束密度／磁束密度は

$$\mathbf{D} = \varepsilon\mathbf{E}$$
$$\mathbf{B} = \mu\mathbf{H} \tag{7.32}$$

なる関係式が使われます。この関係式を共変な形に書き換えることを考えてみましょう。

　共変な形式に書き表すために、静止系において、4元速度 $w^{\mu} = (1, u^x, u^y, u^z)/\sqrt{1-u^2}$ は $w^{\mu} = (1, 0, 0, 0)$ ですから、

$$F_{0\nu}w^\nu = 0$$

$$F_{i\nu}w^\nu = F_{i0} = -E_i$$

$$\epsilon^{0ijk}\left(F_{ij}w_k + F_{jk}w_i + F_{ki}w_j\right) = 0$$

$$\epsilon^{i\mu\nu\lambda}\left(F_{\mu\nu}w_\lambda + F_{\nu\lambda}w_\mu + F_{\lambda\mu}w_\nu\right) \tag{7.33}$$

$$= \epsilon^{i\mu\nu 0}F_{\mu\nu} + \epsilon^{i0\nu\lambda}F_{\nu\lambda} + \epsilon^{i\mu 0\lambda}F_{\lambda\mu}$$

$$= \epsilon^{ijk0}F_{jk} + \epsilon^{i0jk}F_{jk} + \epsilon^{ik0j}F_{jk}$$

$$= -3\epsilon^{ijk}F_{jk} = -3cB_i$$

となります。これから、

$$\mathbf{D} = \varepsilon\mathbf{E}$$

$$\mathbf{H} = \frac{1}{\mu}\mathbf{B} \tag{7.34}$$

をテンソル形式で

$$H_{\mu\nu}w^\nu = \varepsilon F_{\mu\nu}w^\nu$$

$$H_{\mu\nu}w_\lambda + H_{\nu\lambda}w_\mu + H_{\lambda\mu}w_\nu = \frac{1}{\mu}\left(F_{\mu\nu}w_\lambda + F_{\nu\lambda}w_\mu + F_{\lambda\mu}w_\nu\right) \tag{7.35}$$

と書き表すことが可能であることがわかります。

この式を成分ごとに書き下してみれば、

$$\mathbf{D} + \frac{\mathbf{v}}{c^2} \times \mathbf{H} = \varepsilon\left(\mathbf{E} + \mathbf{v} \times \mathbf{B}\right)$$

$$\mathbf{H} - \mathbf{v} \times \mathbf{D} = \frac{1}{\mu}\left(\mathbf{B} - \frac{\mathbf{v}}{c^2} \times \mathbf{E}\right) \tag{7.36}$$

と前章で議論した表式と一致することが確かめられます。なお、ここでの速度 $\mathbf{v}$ は観測者に対して物質が移動している速度という特別な意味を持っていることに改めて注意しましょう。

7.8　エネルギー・運動量テンソル

電磁場の**エネルギー・運動量テンソル**と呼ばれる量を $T_{\mu\nu}$ を次の式で定義し

ます。

$$T_{\mu\nu} = \frac{1}{c}\left(H_{\mu\lambda}F^{\lambda}{}_{\nu} + \frac{1}{4}\eta_{\mu\nu}H_{\lambda\sigma}F^{\lambda\sigma}\right) \tag{7.37}$$

この式の第2項は、式 (7.16) より、

$$\begin{aligned}
H_{\mu\nu}F^{\mu\nu} &= 2H_{0k}F^{0k} + H_{ij}F^{ij}\\
&= -2c\mathbf{D}_k\mathbf{E}_k + 2c\mathbf{H}\cdot\mathbf{B}\\
&= -2c\left(\mathbf{D}\cdot\mathbf{E} - \mathbf{H}\cdot\mathbf{B}\right)
\end{aligned}$$

です。これを使って $T_{\mu\nu}$ の各成分を書き下してみましょう。

$$\begin{aligned}
T_{00} &= \frac{1}{c}\left(H_{0i}F^i{}_0 + \frac{1}{4}H_{\lambda\sigma}F^{\lambda\sigma}\right)\\
&= \mathbf{D}_i\mathbf{E}_i - \frac{1}{2}(\mathbf{D}\cdot\mathbf{E} - \mathbf{H}\cdot\mathbf{B})\\
&= \frac{1}{2}\left(\mathbf{D}\cdot\mathbf{E} + \mathbf{H}\cdot\mathbf{B}\right)
\end{aligned} \tag{7.38}$$

および

$$\begin{aligned}
T_{0i} &= \frac{1}{c}H_{0j}F^j{}_i\\
&= \frac{1}{c}H_{0j}F_{ij}\\
&= \mathbf{D}_j\epsilon_{ijk}(-c\mathbf{B}_k)\\
&= -c\epsilon_{ijk}\mathbf{D}_j\mathbf{B}_k\\
&= -c\left(\mathbf{D}\times\mathbf{B}\right)_i\\
T_{i0} &= \frac{1}{c}H_{ij}F^j{}_0\\
&= -\frac{1}{c}\epsilon_{ijk}\mathbf{H}_kF_{0j}\\
&= -\frac{1}{c}\epsilon_{ijk}\mathbf{H}_k\mathbf{E}_j\\
&= -\frac{1}{c}\epsilon_{ijk}\mathbf{H}_k\mathbf{E}_j\\
&= \frac{1}{c}\epsilon_{ikj}\mathbf{E}_j\mathbf{H}_k\\
&= \frac{1}{c}\left(\mathbf{H}\times\mathbf{E}\right)_i = -\frac{1}{c}\left(\mathbf{E}\times\mathbf{H}\right)_i
\end{aligned} \tag{7.39}$$

$$
\begin{aligned}
T_{ij} &= \frac{1}{c} H_{ik} F^k{}_j + \frac{1}{c} H_{i0} F^0{}_j + \frac{1}{2} \delta_{ij} \left(\mathbf{D} \cdot \mathbf{E} - \mathbf{H} \cdot \mathbf{B} \right) \\
&= -\frac{1}{c} \epsilon_{ikl} \mathbf{H}_l F_{jk} + \frac{1}{c} (-c\mathbf{D}_i)(\mathbf{E}_j) + \frac{c}{2} \delta_{ij} \left(\mathbf{D} \cdot \mathbf{E} - \mathbf{H} \cdot \mathbf{B} \right) \\
&= -\frac{1}{c} \epsilon_{ikl} \mathbf{H}_l (-c\epsilon_{jkm} \mathbf{B}_m) + (-\mathbf{D}_i)(\mathbf{E}_j) + \frac{1}{2} \delta_{ij} \left(\mathbf{D} \cdot \mathbf{E} - \mathbf{H} \cdot \mathbf{B} \right) \\
&= (\delta_{ij}\delta_{lm} - \delta_{im}\delta_{jl}) \mathbf{H}_l \mathbf{B}_m + (-\mathbf{D}_i)(\mathbf{E}_j) + \frac{1}{2} \delta_{ij} \left(\mathbf{D} \cdot \mathbf{E} - \mathbf{H} \cdot \mathbf{B} \right) \\
&= (\delta_{ij} \mathbf{H}_k \mathbf{B}_k - \mathbf{H}_j \mathbf{B}_i + (-\mathbf{D}_i)(\mathbf{E}_j) + \frac{1}{2} \delta_{ij} \left(\mathbf{D} \cdot \mathbf{E} - \mathbf{H} \cdot \mathbf{B} \right) \\
&= -\mathbf{H}_j \mathbf{B}_i - \mathbf{D}_i \mathbf{E}_j + \frac{1}{2} \delta_{ij} \left(\mathbf{D} \cdot \mathbf{E} + \mathbf{H} \cdot \mathbf{B} \right) \\
&= -\mathbf{H}_j \mathbf{B}_i + \frac{1}{2} \delta_{ij} \mathbf{H} \cdot \mathbf{B} - \mathbf{D}_i \mathbf{E}_j + \frac{1}{2} \delta_{ij} \mathbf{D} \cdot \mathbf{E}
\end{aligned}
$$

です。これから、$T_{\mu\nu}$ は電磁場のエネルギー密度、ポインティングベクトル、およびマクスウェルの応力テンソルを表していることがわかります。

さらに真空中では

$$
H_{\mu\nu} = c\varepsilon_0 F_{\mu\nu} \tag{7.40}
$$

でしたから、

$$
T_{\mu\nu} = \varepsilon_0 \left(F_{\mu\lambda} F^\lambda{}_\nu + \frac{1}{4} \eta_{\mu\nu} F_{\lambda\sigma} F^{\lambda\sigma} \right) \tag{7.41}
$$

となります。この時

$$
\begin{aligned}
T_{\mu\nu} &= T_{\nu\mu} \\
T_\mu{}^\mu &= T^\mu{}_\mu = \eta^{\mu\nu} T_{\mu\nu} = \\
&= \varepsilon_0 \left(F_{\mu\lambda} F^{\lambda\mu} + F_{\lambda\sigma} F^{\lambda\sigma} \right) \\
&= \varepsilon_0 \left(F_{\mu\lambda} F^{\lambda\mu} - F_{\lambda\sigma} F^{\sigma\lambda} \right) \\
&= 0
\end{aligned} \tag{7.42}
$$

が直ちに導かれます。

7.9 エネルギー・運動量の保存則

この対称な真空中のエネルギー・運動量テンソルの保存則を調べるために、4次元的な発散を計算してみましょう。

$$
\begin{aligned}
\partial^\mu T_{\mu\nu} &= \varepsilon_0 \left(\left(\partial^\mu F_{\mu\lambda} \right) F^\lambda{}_\nu + F_{\mu\lambda} \left(\partial^\mu F^\lambda{}_\nu \right) + \frac{1}{2} \left(\partial_\nu F_{\lambda\sigma} \right) F^{\lambda\sigma} \right) \\
&= \frac{1}{c} j_\lambda F^\lambda{}_\nu + \frac{\varepsilon_0}{2} \left(F^{\mu\lambda} \partial_\mu F_{\lambda\nu} + F^{\lambda\mu} \partial_\lambda F_{\mu\nu} + F^{\lambda\mu} \partial_\nu F_{\lambda\mu} \right) \quad (7.43) \\
&= \frac{1}{c} j_\lambda F^\lambda{}_\nu
\end{aligned}
$$

となります。この計算の途中では、真空中のマクスウェル方程式

$$
\partial^\nu F_{\mu\nu} = -\frac{1}{c\varepsilon_0} j_\mu
$$

$$
\partial_\mu F_{\nu\lambda} + \partial_\nu F_{\lambda\mu} + \partial_\lambda F_{\mu\nu} = 0 \tag{7.44}
$$

を使っています。

右辺の量を3次元の量で書き直してみると、

$$
\begin{aligned}
\frac{1}{c} j_\lambda F^\lambda{}_0 &= \frac{1}{c} j^k F_{k0} \\
&= -\frac{1}{c} j^k E_k \\
\frac{1}{c} j_\lambda F^\lambda{}_k &= \frac{1}{c} j^0 F_{0k} + j^l F_{lk} \\
&= c\rho E_k - c j^l \epsilon_{lkj} B_j \\
&= c \left(\rho \mathbf{E} + \mathbf{j} \times \mathbf{B} \right)_k
\end{aligned} \tag{7.45}
$$

です。この二つの式の前者が電磁場が電流に対してした仕事量（単位時間あたりのエネルギーの変化）、後者は電流が受けるローレンツ力（単位時間あたりの運動量の変化）をそれぞれ表しています。

● 第8章 ●

物質中の電磁場とマクスウェル方程式

　これまでは、真空中の電磁場および荷電粒子に対する物理法則を考えてきました。物質は電子と原子核から構成されるという微視的な立場からは、これまで見てきた真空中の電磁場を記述するマクスウェル方程式と原子／分子を構成する電子／原子核などの荷電粒子の運動方程式を組み合わせることで、原理的には全ての現象を記述できることになります。とはいえ、巨視的な平均化された現象だけを取り扱うたびに、全てを電子／原子核に立ち戻って計算するのは実際的ではありません。外部から与えられる電磁場による効果が線形でよく近似できる範囲では、物質の誘電率および透磁率を用いた方法が確立されています。この章では、この方法による物質中の電磁場の取り扱いについての説明を行います。

8.1　導体と誘電体、磁性体

　物質に外部から電場および磁場を与えた時、物質内で起きる現象として、

1. （電気）分極
2. 磁化（磁気分極）
3. 電気伝導

の三つの現象を考える必要があります。

　電気分極は、原子／分子内での電子／核子の分布が外部電場によって影響を受けることにより、原子／分子が電気双極子を持つようになる現象です。

　磁化（磁気分極）は、通常は平均的に打ち消し合っている原子／分子が元来持っている磁気双極子が外部磁場によって整列することで、巨視的な磁気双極子の分布として観測可能になる現象です。

74 ● 第8章 ● 物質中の電磁場とマクスウェル方程式

電気伝導は、外部電場によって物質内を自由に動き回れる荷電粒子（伝導電子やイオンなど）が、物質内を移動することで、物質内部に電流を生じる現象です。

ここでは、まずは伝導電子の移動を伴わない電気分極および磁化（磁気分極）について考えてみます。

8.1.1 分極と電気双極子モーメント

外部からの電場を受けた時、物質内部の原子あるいは分子の中の電荷の分布は、変形を受けます（電気分極）。原子／分子では全体としての荷電量の総和は0ですが、この変形により原子／分子の周りには、電気双極子による電場を生じることになります。

点 x_d に置かれた電気双極子 $P(x)$ による電磁場について考えてみましょう。点 $\mathbf{x}_d$ に無限小の距離 $d\mathbf{x}$ ずらして電荷 $+q$ と $-q$ を置いた時の電荷密度 $\rho_d(x)$ を考えてみましょう。これは、$\mathbf{x}_d$ に電気双極子モーメント $\mathbf{p} = qd\mathbf{x}$ を持つ電気双極子を作ります。$d\mathbf{x}$ は十分小さいとすれば、

$$
\begin{aligned}
\rho_d(\mathbf{x}, \mathbf{x}_d) &= q\left(\delta^{(3)}\left(\mathbf{x} - \mathbf{x}_d - d\mathbf{x}\right) - \delta^{(3)}\left(\mathbf{x} - \mathbf{x}_d\right)\right) \\
&= -\boldsymbol{\nabla}\left(\delta^{(3)}\left(\mathbf{x} - \mathbf{x}_d\right)\right) \cdot qd\mathbf{x}
\end{aligned}
\tag{8.1}
$$

ですから、電気双極子モーメント $\mathbf{p} \equiv qd\mathbf{x}$ を定義すれば

$$
\begin{aligned}
\rho_d(\mathbf{x}, \mathbf{x}_d) &= -\mathbf{p} \cdot \boldsymbol{\nabla}\left(\delta^{(3)}\left(\mathbf{x} - \mathbf{x}_d\right)\right) \\
&= -\boldsymbol{\nabla} \cdot \left(\mathbf{p}\delta^{(3)}\left(\mathbf{x} - \mathbf{x}_d\right)\right)
\end{aligned}
$$

となります。

これは一点に置かれた電気双極子の場合ですが、空間中に電気双極子が至る所に存在する場合の電場を次に考えてみましょう。

8.1.2 空間中に連続して分布する電気双極子

空間の至る所に電気双極子が存在する場合には、空間の小さな領域での電気双極子が平均化されて、電気双極子の分布関数が $\mathbf{P}(\mathbf{x})$ で与えられると考えましょう。この場合の電気双極子に対応する電荷分布 $\rho_d(\mathbf{x})$ は、

$$\rho_d(\mathbf{x}) = -\boldsymbol{\nabla} \cdot \mathbf{P}(\mathbf{x})$$

と書けることになります。

いま考えている近似の範囲でも、電気双極子を構成する荷電は保存されますので、電荷の保存則が成立するはずです。

$$\frac{\partial}{\partial t}\rho_d + \boldsymbol{\nabla} \cdot \mathbf{j}_d = 0$$

これに ρ_d を代入すると、

$$\boldsymbol{\nabla} \cdot \left(-\frac{\partial}{\partial t}\mathbf{P} + \mathbf{j}_d \right) = 0$$

です。ベクトル解析の公式から、$\boldsymbol{\nabla} \cdot \mathbf{V} = 0$ の時は適当な $\mathbf{M}$ が存在して、$\mathbf{V} = \boldsymbol{\nabla} \times \mathbf{M}$ となることが知られていますので、

$$\mathbf{j}_d = \frac{\partial}{\partial t}\mathbf{P} + \boldsymbol{\nabla} \times \mathbf{M}$$

と書けることがわかります。

このように、物質に外部から電場をかけると、物質内部では分極によって**電気双極子モーメント** ($\mathbf{P}$) が発生し、それに対応する電荷分布 ($\rho_d(x) = -\boldsymbol{\nabla}\cdot\mathbf{P}(\mathbf{x})$) と電流 ($\frac{\partial}{\partial t}\mathbf{P}$) が生じているとみることができます。($\boldsymbol{\nabla} \times \mathbf{M}$ については後述 [第 8.1.4 節] します。)

●**ヒント:** 電気双極子分布 $\mathbf{P}$ は電束密度 $\mathbf{D}$ と同じ次元を持っています。また、物質中では、$\mathbf{P} = \chi\mathbf{E}$ が成り立っているとしています。物質の外では、$\mathbf{P}$ は存在しませんが、この分極の影響がないわけではありません。物質外でも、物質の境界面での境界条件を満たすように双極子による電場が存在します。電気双極子が作る電場は、次の第 8.1.3 節の式 (8.2) に示されるように、

$$\mathbf{E}_d = -\frac{1}{4\pi\varepsilon_0}\left(\frac{\mathbf{p}}{R^3} - 3\frac{(\mathbf{p}\cdot\mathbf{R})\,\mathbf{R}}{R^5} \right)$$

となります。

8.1.3 電気双極子の電場

お互いに $\Delta\mathbf{x}$ 離して置かれた $\pm Q$ の電荷が作る電場は、

$$\mathbf{E}(x) = \frac{Q}{4\pi\varepsilon_0}\left(\frac{\mathbf{x} - (\mathbf{x}' + \Delta\mathbf{x})}{\|\mathbf{x} - (\mathbf{x}' + \Delta\mathbf{x})\|^3} - \frac{\mathbf{x} - \mathbf{x}'}{\|\mathbf{x} - \mathbf{x}'\|^3}\right)$$
$$= -\frac{Q}{4\pi\varepsilon_0}\left(d\mathbf{x} \cdot \nabla_{\mathbf{x}}\right)\left(\frac{\mathbf{x} - \mathbf{x}'}{\|\mathbf{x} - \mathbf{x}'\|^3}\right)$$

となります。ここで、$\mathbf{p} = Q\Delta\mathbf{x}$ を一定に保って、$\Delta\mathbf{x} \to 0$ の極限を考えることで、電気双極子 $\mathbf{p}$ の作る電場が次の式（式 (8.2)）で与えられることがわかります。ここでは、$\mathbf{R} = \mathbf{x} - \mathbf{x}'$, $R = \|\mathbf{x} - \mathbf{x}'\|$ としました。

$$\mathbf{E}_d = -\frac{1}{4\pi\varepsilon_0}\left(\mathbf{p} \cdot \nabla_x\right)\left(\frac{\mathbf{R}}{R^3}\right)$$
$$= -\frac{1}{4\pi\varepsilon_0}\left(\frac{\mathbf{p}}{R^3} - 3\frac{(\mathbf{p} \cdot \mathbf{R})\,\mathbf{R}}{R^5}\right) \tag{8.2}$$

8.1.4 磁化と磁気双極子モーメント

外部からの電磁場が物質に与えられた時、分極と同時に内部磁場が発生することが観測からわかっています。$\mathbf{j}_m$ はこの誘起された磁気双極子の分布に対応していることを確認しましょう。

磁気双極子モーメントを理解するために、真空中の半径 r_0 の小さな円周上を流れる定常電流 $\mathbf{j}_m$ を考えましょう。

$$\mathbf{j}_m(\mathbf{x}) = J_m\delta(z)\delta(r - r_0)\left(-\sin(\phi)\mathbf{e}_x + \cos(\phi)\mathbf{e}_y\right) \tag{8.3}$$

この電流が作るベクトルポテンシャルは、

$$\mathbf{A}(x) = \frac{\mu_0}{4\pi}\int_{-\infty}^{+\infty}d^3\mathbf{x}'\,\frac{\mathbf{j}_m(\mathbf{x}')}{\|\mathbf{x} - \mathbf{x}'\|} \tag{8.4}$$

です。$r_0 \to 0$ の極限を考えると、このベクトルポテンシャルは、

$$\mathbf{A}(x) = \frac{\mu_0}{4\pi}\int_0^{2\pi}rd\phi\,\frac{J_m\left(-\sin(\phi)\mathbf{e}_x + \cos(\phi)\mathbf{e}_y\right)}{\|\mathbf{x}\|}\left(1 + \frac{r\left[x\cos\phi + y\sin\phi\right]}{\|\mathbf{x}\|^2}\right)$$
$$= \frac{\mu_0}{4\pi}\frac{r^2 J_m}{\|\mathbf{x}\|^3}\left(-y\mathbf{e}_x + x\mathbf{e}_y\right)$$
$$= \frac{\mu_0}{4\pi}\frac{\mathbf{m} \times \mathbf{x}}{\|\mathbf{x}\|^3}$$

となります。ここで、原点に置かれた z 方向の**磁気双極子モーメント** $\mathbf{m}$ を：

$$\mathbf{m} \equiv r^2 J_m \mathbf{e}_z$$

で導入しました。

次に電気双極子の場合と同様に、磁気双極子の分布関数が $\mathbf{M}(\mathbf{x})$ で与えられる場合を考えてみましょう。

この時のベクトルポテンシャルは、

$$\mathbf{A}(\mathbf{x}) = \frac{\mu_0}{4} \int_{-\infty}^{+\infty} d^3\mathbf{x}' \frac{\mathbf{M}(\mathbf{x}') \times (\mathbf{x} - \mathbf{x}')}{\|\mathbf{x} - \mathbf{x}'\|^3} \tag{8.5}$$

と書くことができます。

ここで公式：

$$\boldsymbol{\nabla} \times \left(\frac{\mathbf{M}(\mathbf{x})}{\|\mathbf{x}\|} \right) = \frac{\boldsymbol{\nabla} \times \mathbf{M}(\mathbf{x})}{\|\mathbf{x}\|} - \mathbf{M}(\mathbf{x}) \times \boldsymbol{\nabla} \left(\frac{1}{\|\mathbf{x}\|} \right)$$

$$\int_V \boldsymbol{\nabla} \times \mathbf{A} d^3\mathbf{x} = \int_S dS \left(\mathbf{n}(\mathbf{x}) \times \mathbf{A} \right)$$

と磁気双極子の分布 $\mathbf{M}(\mathbf{x})$ は有限の領域だけに限られることを使うと、

$$\mathbf{A}(\mathbf{x}) = \frac{\mu_0}{4} \int_{-\infty}^{+\infty} d^3\mathbf{x}' \frac{\boldsymbol{\nabla} \times \mathbf{M}(\mathbf{x}')}{\|\mathbf{x} - \mathbf{x}'\|} \tag{8.6}$$

が導かれます。つまり、$\boldsymbol{\nabla} \times \mathbf{M}(\mathbf{x})$ はこの磁気双極子の分布を生み出す電流分布 $\mathbf{j}_m(\mathbf{x})$ であることがわかります。

8.2　物質中のマクスウェル方程式

これまでみてきたように、電磁場中の物質中では分極および磁化電流による電磁場が発生します。これらの電磁場を電気双極子や磁気双極子、$\mathbf{P}(\mathbf{x})$ および $\mathbf{M}(\mathbf{x})$、の分布で近似すると、分極による電荷分布（ρ_d）と分極による電流（$\mathbf{j}_d$）そして磁化電流（$\mathbf{j}_m$）は次の式で与えられます。

$$\rho_d = -\boldsymbol{\nabla} \cdot \mathbf{P}(\mathbf{x})$$

$$\mathbf{j}_d \equiv \frac{\partial}{\partial t} \mathbf{P}(\mathbf{x})$$

$$\mathbf{j}_m \equiv \boldsymbol{\nabla} \times \mathbf{M}(\mathbf{x})$$

となります。これらの関係式を使ってマクスウェル方程式を書き下してみます。

$$\varepsilon_0 \boldsymbol{\nabla} \cdot \mathbf{E} = \rho_e + \rho_d = \rho_e - \boldsymbol{\nabla} \cdot \mathbf{P}$$

$$\frac{1}{\mu_0} \boldsymbol{\nabla} \times \mathbf{B} = \mathbf{j}_e + \frac{\partial}{\partial t} \mathbf{P} + \boldsymbol{\nabla} \times \mathbf{M} + \varepsilon_0 \frac{\partial}{\partial t} \mathbf{E}$$

ここで物質中の電束密度（$\mathbf{D}$）と磁場の強さ（$\mathbf{H}$）を

$$\mathbf{D} \equiv \varepsilon_0 \mathbf{E} + \mathbf{P}$$

$$\mathbf{H} \equiv \frac{1}{\mu_0} \mathbf{B} - \mathbf{M} \tag{8.7}$$

で導入してみます。そうすると、上記のマクスウェル方程式は、

$$\boldsymbol{\nabla} \cdot \mathbf{D} = \rho_e$$

$$\boldsymbol{\nabla} \times \mathbf{H} = j_e + \frac{\partial}{\partial t} \mathbf{D}$$

となり、真空の場合と同型の式に表すことができます。十分弱い外部電磁場に対しては、電気双極子分布、磁気双極子分布は外部電磁場に対して線形と考えてよいでしょうから、

$$\mathbf{D} = \varepsilon_0 \mathbf{E} + \mathbf{P} = \varepsilon \mathbf{E}$$

$$\mathbf{H} = \frac{1}{\mu_0} \mathbf{B} - \mathbf{M} = \frac{1}{\mu} \mathbf{B}$$

と書くことにしましょう。ε は物質の誘電率、μ は透磁率と呼ばれます。

結局、**物質中のマクスウェル方程式**は、

8.2 物質中のマクスウェル方程式　79

$$
\begin{cases}
\boldsymbol{\nabla} \cdot \mathbf{D} = \rho_e \\[2mm]
\boldsymbol{\nabla} \times \mathbf{H} - \dfrac{\partial \mathbf{D}}{\partial t} = \mathbf{j}_e \\[2mm]
\boldsymbol{\nabla} \cdot \mathbf{B} = 0 \\[2mm]
\boldsymbol{\nabla} \times \mathbf{E} + \dfrac{\partial \mathbf{B}}{\partial t} = 0 \\[2mm]
\mathbf{D} = \varepsilon \mathbf{E} \\[2mm]
\mathbf{H} = \dfrac{1}{\mu} \mathbf{B}
\end{cases}
\tag{8.8}
$$

となるわけです。真空中では、$\varepsilon = \varepsilon_0$ および $\mu = \mu_0$ となるので、上記の式は
これまでのマクスウェル方程式（式 (2.1)）と全く同じものになっています。

　物質中では、$\mathbf{D} = \varepsilon \mathbf{E}$ となりますが、空間全体で見れば、$\mathbf{D}(\mathbf{x}) = \varepsilon(\mathbf{x})\mathbf{E}(\mathbf{x})$
となり、$\mathbf{D}$ と $\mathbf{E}$ は独立な場の量として考える必要があります。空間を満たす
媒質（真空を含む）の状態を与えて初めて、これらの方程式が意味を持ちます。

$$
\begin{cases}
\boldsymbol{\nabla} \cdot \mathbf{D}(\mathbf{x}) = \rho_e(\mathbf{x}) \\[2mm]
\boldsymbol{\nabla} \times \mathbf{H}(\mathbf{x}) - \dfrac{\partial \mathbf{D}(\mathbf{x})}{\partial t} = \mathbf{j}_e(\mathbf{x}) \\[2mm]
\boldsymbol{\nabla} \cdot \mathbf{B}(\mathbf{x}) = 0 \\[2mm]
\boldsymbol{\nabla} \times \mathbf{E}(\mathbf{x}) + \dfrac{\partial \mathbf{B}(\mathbf{x})}{\partial t} = 0 \\[2mm]
\mathbf{D}(\mathbf{x}) = \varepsilon(\mathbf{x})\mathbf{E}(\mathbf{x}) \\[2mm]
\mathbf{H}(\mathbf{x}) = \dfrac{1}{\mu(\mathbf{x})} \mathbf{B}(\mathbf{x})
\end{cases}
$$

これらの関係式は、あくまで物質が静止した系でのみ成り立つ関係式であるこ
とに注意が必要です。物質が移動している場合には、この関係式は変更を受け
ることになります（第 8.3 節参照）。また、この関係式は電気／磁気の誘導分
極の線形応答を仮定していますので、それ以外の場合には元の真空中のマクス
ウェル方程式に立ち戻ることも必要です。

8.2.1　電気分極と表面電荷

　静的で一様な電磁場の場合には、電気双極子の分布関数（$P(x)$）による電荷

分布は、誘電率の異なる物質（あるいは真空）との境界だけに現れることに注意しておきます。

静的で一様な磁気双極子分布についても同様に、磁性体との境界面に分極電流が存在し、磁性体の中には分極電流は存在しないことがわかります。

8.2.2　物質中の電磁波の速度

物質中のマクスウェル方程式 (8.8) から、物質中の電磁場が満たすべき方程式は、

$$
\begin{aligned}
\left[\Delta - \varepsilon\mu\frac{\partial^2}{\partial t^2}\right] \mathbf{H} &= -\boldsymbol{\nabla} \times \mathbf{j}_e \\
\left[\Delta - \varepsilon\mu\frac{\partial^2}{\partial t^2}\right] \mathbf{D} &= -\boldsymbol{\nabla}\rho_e - \varepsilon\mu\frac{\partial \mathbf{j}_e}{\partial t}
\end{aligned}
\tag{8.9}
$$

ですから、物質中を伝わる電磁波の速度 v は、この近似が成り立つ範囲で[※1]、

$$
v^2 = \frac{1}{\varepsilon\mu} = \frac{1}{\varepsilon^*\mu^*}c^2 < c^2
$$

となることがわかります。物質中の光の速度 v と真空中の光の速度 c の比は屈折率 n と呼ばれています。

$$
n = \frac{c}{v}
$$

8.3　等速運動する物質中の電場／磁場の変換則

物質に固定された慣性系 K' での電場（$\mathbf{E}'$）と電束密度（$\mathbf{D}'$）、磁場（$\mathbf{H}'$）と磁束密度（$\mathbf{B}'$）を関係付ける現象論的法則：

$$
\begin{cases}
\mathbf{D}' = \varepsilon\mathbf{E}' \\
\mathbf{H}' = \dfrac{1}{\mu}\mathbf{B}'
\end{cases}
\tag{8.10}
$$

[※1] …… 光の吸収と放出が起きる物質ではその周波数の付近で、複素数の誘電率を導入する場合があります。その場合はこれらの議論が成り立たないので、注意が必要です。

について考えてみましょう。この現象論的法則は、**物質に固定された慣性系**
K' でのみ成り立つ法則ですから、物質が速度 **v** で移動する慣性系 K では成り
立つとは限りません。この系 K での電場／電束密度、磁場／磁束密度の関係
についてみていきましょう。

第6章「マクスウェル方程式の共変性」で定義した、2階の電磁場を表すテ
ンソル、$F_{\mu\nu}$ および $H_{\mu\nu}$ を使えば、物質中のマクスウェル方程式も、共変的
な形式

$$\begin{cases} \partial_\mu F_{\nu\lambda} + \partial_\nu F_{\lambda\mu} + \partial_\lambda F_{\mu\nu} = 0 \\ \partial^\nu H_{\nu\mu} = j_\mu \\ \partial_\mu j^\mu = 0 \end{cases}$$

にまとめることができます。この時、$F_{\mu\nu}$ および $H_{\mu\nu}$ はいずれもローレンツ
変換に対する2階のテンソルとして変換されることになります。

物質の静止系で成り立つ関係式（式 (8.10)）を、物質が速度 v で運動してい
る系 K での電磁場（$\mathbf{E}, \mathbf{B}, \mathbf{D}, \mathbf{H}$）を使って書き直してみます。

2階のテンソルの変換則を用いて、書き下してみると、

$$D_x = \varepsilon E_x,$$
$$\gamma D_y - \gamma \frac{\beta}{c} H_z = \varepsilon \left(\gamma E_y - \gamma\beta c B_z \right),$$
$$\gamma D_z + \gamma \frac{\beta}{c} H_y = \varepsilon \left(\gamma E_z + \gamma\beta c B_y \right),$$
$$H_x = \frac{1}{\mu} B_x,$$
$$\gamma H_y + \gamma\beta c D_z = \frac{1}{\mu} \left(\gamma B_y + \gamma \frac{\beta}{c} E_z \right),$$
$$\gamma H_z - \gamma\beta c D_y = \frac{1}{\mu} \left(\gamma B_z - \gamma \frac{\beta}{c} E_y \right)$$

です。

ここで、両辺の共通ファクターを整理して

$$\begin{cases} D_x = \varepsilon E_x \\ D_y - \dfrac{\beta}{c} H_z = \varepsilon \left(E_y - \beta c B_z \right) \\ D_z + \dfrac{\beta}{c} H_y = \varepsilon \left(E_z + \beta c B_y \right) \\ H_x = \dfrac{1}{\mu} B_x \\ H_y + \beta c D_z = \dfrac{1}{\mu} \left(B_y + \dfrac{\beta}{c} E_z \right) \\ H_z - \beta c D_y = \dfrac{1}{\mu} \left(B_z - \dfrac{\beta}{c} E_y \right) \end{cases} \tag{8.11}$$

と書き直すことができます。

これらの式は、$\mathbf{v} = (v, 0, 0)$ であることを使うと、

$$\begin{cases} \mathbf{D} + \dfrac{\mathbf{v}}{c^2} \times \mathbf{H} = \varepsilon \left(\mathbf{E} + \mathbf{v} \times \mathbf{B} \right) \\ \mathbf{H} - \mathbf{v} \times \mathbf{D} = \dfrac{1}{\mu} \left(\mathbf{B} - \dfrac{\mathbf{v}}{c^2} \times \mathbf{E} \right) \end{cases}$$

とまとめて表すことができます。あるいは、

$$\begin{cases} \mathbf{D} = \varepsilon \mathbf{E} + \mathbf{v} \times \left(\varepsilon \mathbf{B} - \varepsilon_0 \mu_0 \mathbf{H} \right) \\ \mathbf{H} = \dfrac{1}{\mu} \mathbf{B} + \mathbf{v} \times \left(\mathbf{D} - \dfrac{\mu_0 \varepsilon_0}{\mu} \mathbf{E} \right) \end{cases} \tag{8.12}$$

$$\begin{cases} \mathbf{D} = \varepsilon \mathbf{E} + \mathbf{v} \times \left(\varepsilon \mathbf{B} - \varepsilon_0 \mu_0 \mathbf{H} \right) \\ \mu \mathbf{H} = \mathbf{B} + \mathbf{v} \times \left(\mu \mathbf{D} - \varepsilon_0 \mu_0 \mathbf{E} \right) \end{cases}$$

となります。ここでは $\dfrac{1}{c^2} = \varepsilon_0 \mu_0$ を使っています。

これらの両辺と $\mathbf{v}$ の内積をとると、

$$\begin{cases} \mathbf{v} \cdot \mathbf{D} = \varepsilon \mathbf{v} \cdot \mathbf{E} \\ \mathbf{v} \cdot \mathbf{B} = \mu \mathbf{v} \cdot \mathbf{H} \end{cases} \tag{8.13}$$

であることに注意しておきます。

両辺の $\boldsymbol{\nabla} \times$ をとり、マクスウェル方程式を代入すれば、

$$\frac{1}{\varepsilon}\boldsymbol{\nabla}\times\mathbf{D} = \boldsymbol{\nabla}\times\mathbf{E} + \boldsymbol{\nabla}\times\left[\mathbf{v}\times\left(\mathbf{B} - \frac{\varepsilon_0\mu_0}{\varepsilon}\mathbf{H}\right)\right]$$
$$= -\frac{\partial\mathbf{B}}{\partial t} + \boldsymbol{\nabla}\times\left[\mathbf{v}\times\left(\mathbf{B} - \frac{\varepsilon_0\mu_0}{\varepsilon}\mathbf{H}\right)\right]$$
$$= -\frac{\partial\mathbf{B}}{\partial t} + \boldsymbol{\nabla}\times\left[\mathbf{v}\times\left(1 - \frac{\varepsilon_0\mu_0}{\mu\epsilon}\right)\mathbf{B}\right] + O(v^2)$$
$$\frac{1}{\mu}\boldsymbol{\nabla}\times\mathbf{B} = \boldsymbol{\nabla}\times\mathbf{H} - \boldsymbol{\nabla}\times\left[\mathbf{v}\times\left(\mathbf{D} - \frac{\varepsilon_0\mu_0}{\mu}\mathbf{E}\right)\right]$$
$$= \frac{\partial\mathbf{D}}{\partial t} + \mathbf{j} - \boldsymbol{\nabla}\times\left[\mathbf{v}\times\left(\mathbf{D} - \frac{\varepsilon_0\mu_0}{\mu}\mathbf{E}\right)\right]$$
$$= \frac{\partial\mathbf{D}}{\partial t} + \mathbf{j} - \boldsymbol{\nabla}\times\left[\mathbf{v}\times\left(1 - \frac{\varepsilon_0\mu_0}{\varepsilon\mu}\right)\mathbf{D}\right] + O(v^2)$$

$$(8.14)$$

これらの式に対応するヘルツの方程式（式 (3.9)）による結果は、

$$\begin{cases} \boldsymbol{\nabla}\times\mathbf{E} + \dfrac{\partial\mathbf{B}}{\partial t} = \boldsymbol{\nabla}\times(\mathbf{v}\times\mathbf{B}) \\[2mm] \boldsymbol{\nabla}\times\mathbf{H} - \dfrac{\partial\mathbf{D}}{\partial t} = -\boldsymbol{\nabla}\times(\mathbf{v}\times\mathbf{D}) + (\mathbf{j} + \mathbf{v}\rho) \end{cases} \tag{8.15}$$

となります。$\boldsymbol{\nabla}\times(\mathbf{v}\times\mathbf{B})$ や $\boldsymbol{\nabla}\times(\mathbf{v}\times\mathbf{D})$ などの項は式 (8.14) では真空中の場合（$\mu = \mu_0$, $\varepsilon = \varepsilon_0$）には 0 となりますが、ヘルツの方程式による結果では、この場合にもこれらの効果が残ります。ウィルソンの実験、レントゲン－アイヘンヴァルトの実験などは、マクスウェル方程式とローレンツ変換による結果（式 (8.14)）を支持しています。

さらに、真空中では $\mu = \mu_0$, $\varepsilon = \varepsilon_0$ であることから、以下に示すように、式 (8.12) の右辺第 2 項は 0 となります。つまり真空中では、（当然そうあるべきことではありますが）$\mathbf{D} = \varepsilon_0\mathbf{E}$ および $\mathbf{H} = \frac{1}{\mu_0}\mathbf{B}$ に帰着されるということです。

まず、式 (8.13) は真空中では、

$$\begin{cases} \mathbf{v}\cdot(\mathbf{B} - \mu_0\mathbf{H}) = 0 \\[1mm] \mathbf{v}\cdot(\mathbf{D} - \varepsilon_0\mathbf{E}) = 0 \end{cases} \tag{8.16}$$

となります。これより

$$\mathbf{B} - \mu_0 \mathbf{H} = -\mu_0 \mathbf{v} \times (\mathbf{D} - \varepsilon_0 \mathbf{E})$$
$$= -\frac{1}{c^2} \mathbf{v} \times (\mathbf{v} \times (\mathbf{B} - \mu_0 \mathbf{H})) \qquad (8.17)$$
$$= \frac{v^2}{c^2} (\mathbf{B} - \mu_0 \mathbf{H})$$

および

$$\mathbf{D} - \varepsilon_0 \mathbf{E} = \varepsilon_0 \mathbf{v} \times (\mathbf{B} - \mu_0 \mathbf{H})$$
$$= -\frac{1}{c^2} \mathbf{v} \times (\mathbf{v} \times (\mathbf{D} - \varepsilon_0 \mathbf{E}))$$
$$= \frac{v^2}{c^2} (\mathbf{D} - \varepsilon_0 \mathbf{E})$$

です。$v < c$ であることから、

$$\mathbf{B} - \mu_0 \mathbf{H} = 0$$

および

$$\mathbf{D} - \varepsilon_0 \mathbf{E} = 0$$

が結論されます。

第 9 章

特殊相対論の実験的検証

　砂川の教科書ではマクスウェル方程式のローレンツ変換に対する不変性の実験的証拠として、

- **マイケルソン‐モーレー実験** (1887)：運動する観測系での進行方向による光の速度の違いの実験
- **フィゾーの実験**：運動する物質中の光の速度についての実験
- **ウィルソン他による実験**：磁場中の回転する誘電体に生じる電場とそれによる表面電荷[※1]
- **レントゲン‐アイヘンヴァルトの実験**：電場中におかれた回転する誘電体によって発生する磁場
- **ローランドの実験**：電荷を分布させた円盤を回転させた時に発生する磁場

が挙げられています。これらの実験は歴史的には重要な実験の一つとなっています。（これらの実験は、ローレンツ変換を用いて第8章で導かれた運動している物質中でのマクスウェル方程式と矛盾しない結果を与えています。）

　1949年の論文で、ロバートソン [9] は以下の3つの実験によって、特殊相対性理論の二つの原理が実験的に実証されたと報告しています。

- **マイケルソン‐モーレー実験** (1887)：運動する観測系での進行方向による光の速度の違いの実験
- **ケネディ‐ソーンダイク実験** (1932)：異なる腕の長さを使ったマイケルソン‐モーレー型実験
- **アイブスとスティルウェルの実験**：横ドップラー効果の実証

※1 …… これらの実験は回転する物質を使った実験となっています。厳密に言えば、これらの系の取り扱いには一般相対性理論で使われる一般座標変換に基づいた取り扱いが必要となります。が、これらの実験は、局所的なミンコフスキー空間とローレンツ変換を使って解釈できます。

86 ● 第 9 章 ● 特殊相対論の実験的検証

現在では、これらの他にも特殊相対性理論をサポートする実験が数多く知ら
れています。

また、アインシュタインは自著『相対論の意味』[10, 11] の中で、マイケル
ソン–モーレー実験、フィゾーの実験、ド・ジッターの二重星の周期に関する
観測をマクスウェル方程式の証拠として挙げています。

ここでは、これらの実験の内、フィゾーの実験、横ドップラー効果およびマ
イケルソン–モーレー実験について、解説します。

9.1　フィゾーの実験と速度の合成則

9.1.1　フィゾーの実験

屈折率 n の物質中では、光はその物質に対して速度 $u' = \frac{c}{n}$ で進んでいき
ます。

アルマン・フィゾー（1819–1896）は流れる流体中の光の速度 u をその流体
の速度 v を変えながら測定しました (1851)。これを**フィゾーの実験**といいま
す。その結果、

$$u = \frac{c}{n} + \left(1 - \frac{1}{n^2}\right) v \tag{9.1}$$

となることを見出しました。この結果は、特殊相対論の立場からはローレンツ
変換による速度の合成則の結果として簡単に説明できます。

9.1.2　速度の合成則（復習）

まず観測者の静止系 K と、それに対して速度 v で動いている運動系 K' を
考えます。この二つの系の間のローレンツ変換は、

$$\begin{cases} x' = \gamma(x - vt), \\ t' = \gamma(t - \dfrac{v}{c^2}x) \end{cases} \tag{9.2}$$

です。運動系 K' で速度 u' で動いている粒子を静止系 K で観測した時の速
度 u を求めてみましょう。

運動系 K' では、この粒子の座標は

$$x' = u't' \tag{9.3}$$

です。したがって、静止系 K で観測した粒子の軌道は、

$$\begin{cases} x = \gamma(x' + vt') = \gamma(u' + v)t', \\ t = \gamma(t' + \dfrac{v}{c^2}x') = \gamma(1 + \dfrac{vu'}{c^2})t' \end{cases} \tag{9.4}$$

となります。これより静止系 K で観測した粒子の速度 u は

$$u = \frac{u' + v}{1 + \frac{u'v}{c^2}} \tag{9.5}$$

ということになります。

9.1.3 フィゾーの実験の特殊相対性理論による解釈

前節で導かれた速度の合成則をフィゾーの実験にあてはめてみましょう。移動している物質中（この実験の場合は流体）での光の速度は、$u' = \frac{c}{n}$ ですから、観測者が測定する光の速度 u は速度の合成則を使って、

$$\begin{aligned} u &= \frac{\frac{c}{n} + v}{1 + \frac{v}{nc}} \\ &= \left(\frac{c}{n} + v\right)\left(1 - \frac{v}{nc}\right) + O\left(\frac{v^2}{c^2}\right) \\ &= \frac{c}{n} + \left(1 - \frac{1}{n^2}\right)v + O\left(\frac{v^2}{c^2}\right) \end{aligned} \tag{9.6}$$

と求められ、フィゾーの結果（式 (9.1)）を再現します。導出過程を振り返ると、フィゾーの結果で重要となる $O(1/n^2)$ の項は、速度の合成則の特殊相対性理論の特徴を示す項から直接的に導かれていることがわかります。

9.2　横ドップラー効果と時計の遅れ

音波の伝達などでは、移動する発音体からの音波を静止した観測者が観測し

た時、その周波数と発音体が発生した周波数との間に違いがあります。この現象は**ドップラー効果**と呼ばれています。特殊相対性理論においても、移動する光源からの光の周波数とそれを静止した観測者が観測する周波数に違いがあります。特殊相対性理論では、通常のドップラー効果と同じように光源の移動による信号の到達時間の変化に加えて、「時計の遅れ」の効果を取り入れる必要があります。また、特殊相対性理論は「横ドップラー効果」と呼ばれる現象を予言します。この横ドップラー効果の実験的検証は、特殊相対性理論の確立に大きな役割を果たしました。

9.2.1 運動する媒質中の光のドップラー効果

運動する媒質中（屈折率を n とします）の光を考えます [12]。いま簡単のため、媒質は x 軸方向に速度 v で移動しており、光の進行方向はそれに対して角度 α の向きで x–y 平面内を移動しているとします。

4 次元的な波数ベクトルを $(k^\mu = \frac{\omega}{c}, k_x, k_y, k_z)$ と書くと、位相

$$\phi = \eta^{\mu\nu} k_\mu x^\nu = (\omega t - k_x x - k_y y - k_z z) \tag{9.7}$$

はローレンツ変換に対してスカラーとなります。

4 次元的な波数ベクトルのローレンツ変換は、

$$\begin{cases} \omega/c = \gamma \left(\omega'/c + \beta k'_x \right) \\ k_x = \gamma \left(k'_x + \beta \omega'/c \right) \\ k_y = k'_y \\ k_z = k'_z \end{cases} \tag{9.8}$$

です。

屈折率 n の媒質に静止した系 K' では、

$$\begin{cases} k'_x = k' \cos \alpha', \ k'_y = k' \sin \alpha', \ k'_z = 0 \\ v'_{ph} = \dfrac{\omega'}{k'} = \dfrac{c}{n} \end{cases} \tag{9.9}$$

となりますから、静止系 K での波数ベクトルは

$$
\begin{cases}
\omega = \gamma \left(\omega' + c\beta k' \cos\alpha' \right) \\
k_x = k\cos\alpha = \gamma \left(k'\cos\alpha' + \beta\dfrac{\omega'}{c} \right) \\
k_y = k\sin\alpha = \ k_y' = \sin\alpha' k', \ k_z = k_z' = 0
\end{cases}
\tag{9.10}
$$

です。これを二つの系での周波数および波数の関係に書き直してみましょう。

$$
\begin{cases}
\omega = \gamma \left(1 + n\beta\cos\alpha' \right) \omega' \\
\tan\alpha = \dfrac{\sin\alpha'}{\gamma \left(\cos\alpha' + \dfrac{\beta}{n} \right)} \\
k = \sqrt{k_x^2 + k_y^2} \\
\ = k' \sqrt{\gamma^2 \left(\cos\alpha' + \dfrac{\beta}{n} \right)^2 + \sin\alpha'^2}
\end{cases}
\tag{9.11}
$$

これらの第1式は相対論的なドップラー効果を表しています。また、第2式は光行差と呼ばれる効果を表しています。

静止系 K での位相速度 $v_{ph} = \frac{\omega}{k}$ は

$$
\begin{aligned}
v_{ph} &= \frac{\omega}{k} \\
&= \frac{c\left(1 + n\beta\cos\alpha'\right)}{\sqrt{\left(n\cos\alpha' + \beta\right)^2 + n^2\sin\alpha'^2\left(1 - \beta^2\right)}} \\
&= \frac{c\left(\frac{1}{n} + \beta\cos\alpha'\right)}{\sqrt{\left(\cos\alpha' + \frac{\beta}{n}\right)^2 + \left(1 - \cos\alpha'^2\right)\left(1 - \beta^2\right)}}
\end{aligned}
\tag{9.12}
$$

です。

9.2.2 横ドップラー効果

特に観測系 K において、$\alpha = \frac{\pi}{2}$ すなわち $\cos\alpha = 0$ となる場合を考えてみましょう。この時、$\cos\alpha' = -\frac{\beta}{n}$ となるので、

$$
\begin{aligned}
\omega &= \gamma \left(1 + n\beta\cos\alpha' \right) \omega' \\
&= \gamma \left(1 - n\beta\frac{\beta}{n} \right) \omega' \\
&= \sqrt{1 - \beta^2}\,\omega' \le \omega'
\end{aligned}
\tag{9.13}
$$

です。これを**横ドップラー効果**と呼んでいます。

物質の静止系 K' で $\alpha' = \frac{\pi}{2}$ の場合には、$\cos\alpha' = 0,\ \sin\alpha' = 1$ ですから、式 (9.11) の関係は、次のようになります。

$$\omega = \gamma\omega' = \gamma\frac{c}{n}k'$$

$$\tan\alpha = \frac{n}{\gamma\beta}$$

$$k = k'\sqrt{\gamma^2\left(\frac{\beta}{n}\right)^2 + 1} = k'\gamma\sqrt{\left(\frac{\beta}{n}\right)^2 + 1 - \beta^2} \tag{9.14}$$

$$v_{ph} = \gamma\frac{c}{n\sqrt{\gamma^2\left(\frac{\beta}{n}\right)^2 + 1}}$$

9.3　マイケルソン‐モーレー実験

9.3.1　地球の移動速度の光速度に対する影響の実験

アルバート・マイケルソン (1852–1931) とエドワード・モーレー (1838–1923) は 1887 年に、長さの等しい腕を持つ干渉計を用いて、その当時考えられていたエーテル説で予想される地球の移動速度による干渉縞の移動を測定する実験を行いました (**マイケルソン‐モーレー実験**)。ところが、エーテル説で予想されるような量の干渉縞の移動は無いことが示されました。この後で説明するように、この実験結果は特殊相対論の立場からは自然なこととして説明されます。

ロイ・ケネディ (1897–1986) とエドワード・ソーンダイク (1905–1991) はマイケルソン‐モーレー実験を拡張し、1932 年に腕の長さの異なる干渉計を用いて同様の観測を行いました。この**ケネディ‐ソーンダイク実験**でも地球の移動速度による干渉縞の移動は観測されませんでした。

エーテル説によれば、マイケルソン‐モーレー実験は $O(\beta^2)$ の実験、ケネディ‐ソーンダイク実験は $O(\beta)$ の実験であり、ケネディ‐ソーンダイク実験の方が物理の理論に対してより強い制限を与えます。

9.3 マイケルソン−モーレー実験

以下にみるように、特殊相対性理論を用いてこの干渉計による実験を解釈すれば、光の干渉縞は地球の移動速度の変化によって移動しないことは自明なことになります。

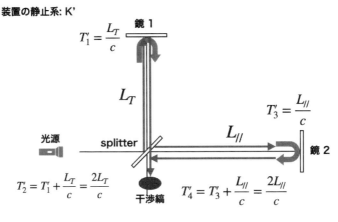

図 9.1　干渉計の静止系 K' での光の経路。

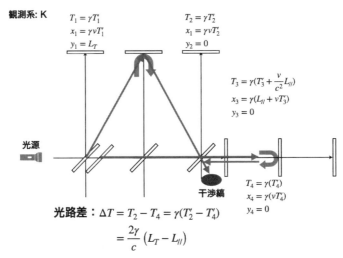

図 9.2　観測系 K での光の経路。

干渉計の静止系 K' での光路差 $\Delta T'$ を考えると、

$$\Delta T' = \frac{2L_T}{c} - \frac{2L_{//}}{c} \tag{9.15}$$

です。次に静止系 K での光路差を考えてみましょう。最初に鏡1で反射される光の伝達時間（T_T）を求めてみます。光が y 方向に L_T 移動する間に鏡1は $v\frac{T_T}{2}$ だけ x 方向に移動しています。静止系 K でも光速度は c ですから、

$$T_T = 2\frac{\sqrt{v^2\left(\frac{T_T}{2}\right)^2 + L_T{}^2}}{c} \tag{9.16}$$

を T_T について解いて、

$$\begin{aligned} T_T &= \frac{1}{\sqrt{1 - \frac{v^2}{c^2}}} \frac{2L_T}{c} \\ &= \gamma\frac{2L_T}{c} \end{aligned} \tag{9.17}$$

と求めることができました。

次に鏡2で反射される光で反射される光について考えてみます。この方向にはローレンツ収縮によって鏡間の距離が縮んで見えることを考慮すると、鏡2に到達する時間 Δt_{p1}、および鏡2から干渉計まで戻ってくる時間 Δt_{p2} はそれぞれ、

$$\begin{aligned} \Delta t_{p1} &= \frac{\sqrt{1 - \frac{v^2}{c^2}}L_{//}}{c} + v\frac{\Delta t_{p1}}{c} \\ &= \frac{1}{1 - \frac{v}{c}} \frac{\sqrt{1 - \frac{v^2}{c^2}}L_{//}}{c} \\ \Delta t_{p2} &= \frac{\sqrt{1 - \frac{v^2}{c^2}}L_{//}}{c} - v\frac{\Delta t_{p2}}{c} \\ &= \frac{1}{1 + \frac{v}{c}} \frac{\sqrt{1 - \frac{v^2}{c^2}}L_{//}}{c} \end{aligned} \tag{9.18}$$

です。これから、往復の時間 $T_{//}$ は、

$$T_{//} = \Delta t_{p1} + \Delta t_{p2} = \left(\frac{1}{1 - \frac{v}{c}} + \frac{1}{1 + \frac{v}{c}} \right) \frac{\sqrt{1 - \frac{v^2}{c^2}} L_{//}}{c}$$
$$= \frac{2L_{//}}{c\sqrt{1 - \frac{v^2}{c^2}}} = \gamma \frac{2L_{//}}{c} \tag{9.19}$$

と求められます。

この結果は、鏡 2 で反射される光が干渉計に戻ってくる座標をローレンツ変換によって求めることによっても、

$$\begin{cases} x_2 = \gamma \left(x_2' + vt_2' \right) \\ t_2 = \gamma \left(t_2' + \frac{v}{c^2} x_2' \right) \\ x_2' = 0, \\ t_2' = 2\frac{L_{//}}{c} \end{cases} \tag{9.20}$$

から、

$$\begin{cases} T_{//} = x_2 = \gamma \frac{2vL_{//}}{c} \\ t_2 = \gamma \frac{2L_{//}}{c} \end{cases} \tag{9.21}$$

と同じ結果になります。

結局、静止系 K での光路差 $\Delta T = T_T - T_{//}$ は

$$\Delta T = T_T - T_{//} = \gamma \frac{2L_T}{c} - \gamma \frac{2L_{//}}{c}$$
$$= 2\gamma \frac{L_T - L_{//}}{c} \tag{9.22}$$

と求められました。

光路差は二つの経路の干渉計の静止系での長さの差に比例していますから、干渉計を 90 度回転させても光路差には変化がありません。これから $L_T = L_{//}$ の場合（マイケルソン–モーレー実験）でも、$L_T \neq L_{//}$ の場合（ケネディ–ソーンダイク実験）でも、干渉計を回転させたことによる干渉縞の移動は観察されないことになります。

$L_t \neq L_{//}$ の場合（ケネディ–ソーンダイク実験）では、光路差は γ を通じて速度に依存しています。この場合にも、次の第 9.3.2 節でみるように、干渉縞を

作る二つの異なる経路を通過してくる光の位相差を、光が分離される時刻とその場所の違いを考慮して求めることによって、（当然のことではありますが）静止系 K での位相差は運動系 K' での位相差と一致します。これから、干渉計の移動する速度が変わっても干渉縞の移動は発生しないことが結論されます。

"エーテル仮説"による特殊相対性理論以前の議論では、エーテルに対して移動している干渉計では速度の変化による干渉縞の移動が上記の式で予想されましたが、実験結果は、特殊相対性理論の予測と同じく、干渉縞の移動はありませんでした。

9.3.2 特殊相対性理論で考える（ケネディ–ソーンダイク実験）

マイケルソン–モーレー実験では干渉計が速度 v で移動している系（静止系 K）では光路差 ΔT は経路長の差と特殊相対性理論で使われる $\gamma(v) = \frac{1}{\sqrt{1 - \frac{v^2}{c^2}}}$ の積に比例しています。干渉計の静止系では光路差は速度によらず一定ですから、速度の変化による光路差の変化が検出可能であったとすると、特殊相対性理論の前提である「全ての慣性系は同等」が崩れてしまいます。

二つの異なる経路を通る光の（光路差＝時間差ではなく）位相差を考えることで、このような速度の効果は存在しないことを確認しましょう（図9.3）。図のように二つの経路を通ってきた光が同時に干渉計のスクリーンに到達し干渉縞を作ります。ということは、これらの光が光源を出発し、スプリッターに到達する時刻は、光路差分だけの時間の差があり、この時間差の間に、スプリッターは静止系 K では $v\Delta T$ だけ移動しています。その分も考慮して、光の位相差（$\delta\phi$）は

$$
\begin{aligned}
\delta\phi &= \omega\Delta T - \frac{\omega}{c}v\Delta T \\
&= \left(1 - \frac{v}{c}\right)\omega\Delta T
\end{aligned}
\tag{9.23}
$$

です。光源は干渉計に固定されていますから、運動系 K' での光の周波数（ω_0）を使うと、静止系 K での周波数（ω）は

$$
\omega = \gamma\left(1 + \frac{v}{c}\right)\omega_0
\tag{9.24}
$$

です。また、$\Delta T = 2\gamma\frac{L_T - L_{//}}{c}$ であったことから、

9.3 マイケルソン-モーレー実験

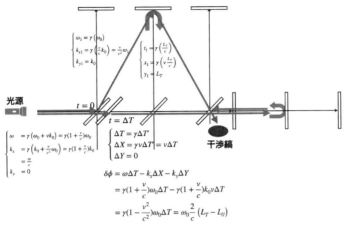

図 9.3 観測系 K での光の位相差。

$$\delta\phi = \gamma^2\left(1 - \frac{v^2}{c^2}\right)\omega_0 \frac{2(L_T - L_{//})}{c} = \frac{2\omega_0(L_T - L_{//})}{c} \quad (9.25)$$

と運動系 K' の移動速度 (v) を含まないことがわかります。これにより、ケネディ-ソーンダイク実験で確認されたように、干渉計の向き、移動速度の変化があったとしても、干渉縞の移動は起きないことがわかります。

第 10 章

相対性力学

ニュートンの運動方程式は、ガリレイ変換に対して共変でしたが、ローレンツ変換に対しては明らかに共変ではありません。電磁場中の質点中の運動を記述するためには、マクスウェル方程式と同じく、ローレンツ変換に対して共変な運動方程式を用いなければなりません。またこの運動方程式は非相対論的極限（$v \ll c$ あるいは $c \to \infty$）ではニュートンの運動方程式に帰着されることが必要です。

ミンコフスキー空間中の質点の軌跡（世界線）は、1次元のパラメータ τ を用いて4次元座標

$$z^\mu(\tau) = (ct(\tau), \mathbf{z}_x(\tau), \mathbf{z}_y(\tau), \mathbf{z}_z(\tau)) \tag{10.1}$$

で表されます。パラメータ τ はローレンツ変換のスカラーであることが望ましい。そこで世界線に沿った4次元的な長さをこの τ とします。

$$\begin{cases} d\tau = \dfrac{1}{c}\sqrt{dz^\mu dz_\mu} \\ \tau = \dfrac{1}{c}\displaystyle\int_P \sqrt{dz^\mu dz_\mu} \end{cases} \tag{10.2}$$

dz はローレンツベクトルとして変換されますから、上記の定義により、τ がスカラーであることは明白です。

τ は「ある瞬間において粒子の静止する静止系を考えた時、その瞬間的な座標系における時間に等しい」ことから、**固有時**と呼ばれます。

ローレンツ変換では $dz^\mu dz_\mu$ の符号は変わらないことから、$d\tau^2$ は常に時間的（$d\tau^2 > 0$）であることに注意しておきます。

10.1 速度と 4 元速度

いま運動を考えている質点の（3次元）速度 $\mathbf{u}$ は、

$$\mathbf{u} = \frac{d\mathbf{z}}{dt} \tag{10.3}$$

と定義されます。ローレンツ変換に対して、dz^μ は：

$$
\begin{cases}
dx' = \gamma\left(dx - \beta cdt\right) \\[4pt]
dy' = dy \\[4pt]
dz' = dz \\[4pt]
cdt' = \gamma\left(cdt - \beta dx\right) \\[4pt]
\gamma = \dfrac{1}{\sqrt{1-\beta^2}} \\[8pt]
\beta = \dfrac{v}{c}
\end{cases}
$$

と変換されますから、速度 $\mathbf{u}$ は：

$$
\begin{cases}
\mathbf{u}'_x = \dfrac{\mathbf{u}_x - c\beta}{1 - \beta\frac{\mathbf{u}_x}{c}} \\[12pt]
\mathbf{u}'_y = \dfrac{\mathbf{u}_y\sqrt{1-\beta^2}}{1 - \beta\frac{\mathbf{u}_x}{c}} \\[12pt]
\mathbf{u}'_z = \dfrac{\mathbf{u}_z\sqrt{1-\beta^2}}{1 - \beta\frac{\mathbf{u}_x}{c}} \\[12pt]
dt' = \dfrac{1 - \beta\frac{\mathbf{u}_x}{c}}{\sqrt{1-\beta^2}}dt
\end{cases}
\tag{10.4}
$$

と変換されます。つまり、$\mathbf{u}$ はローレンツベクトルではありません。これに対して、**4 元速度** w_μ を

$$w_\mu(\tau) \equiv \frac{dz_\mu(\tau)}{d\tau} \tag{10.5}$$

によって導入してみます。その定義から明らかに、$w_\mu(\tau)$ はローレンツベクトルとして変換されます。また、その定義よりその 4 次元的な「長さ」は

98 第 10 章 相対性力学

$$w_\mu(\tau) w^\mu(\tau) = \frac{dz_\mu(\tau)}{d\tau} \frac{dz^\mu(\tau)}{d\tau} = c^2 \tag{10.6}$$

と定数であることに注意します。

10.1.1 4元速度と3次元的速度の関係

w_μ と $d\tau$ の定義より、

$$\begin{aligned} w_\mu(\tau) &\equiv \frac{dz_\mu(\tau)}{d\tau} \\ &= \frac{dz_\mu(\tau)}{\sqrt{1 - \frac{1}{c^2} \frac{d\mathbf{z}}{dt}^2} dt} \end{aligned} \tag{10.7}$$

ですから、関係式

$$\begin{cases} w^k(\tau) = \dfrac{u^k(t)}{\sqrt{1 - \frac{1}{c^2}\mathbf{u}^2}} \\ w^0(\tau) = \dfrac{cdt(\tau)}{d\tau} = \dfrac{c}{\sqrt{1 - \frac{1}{c^2}\mathbf{u}^2}} \end{cases} \tag{10.8}$$

が成立します[※1]。

10.2 相対論的運動方程式

相対論的な運動方程式は、ランダウ–リフシッツの教科書 [13, 14] にあるように相対論的な不変な作用積分から最小作用の原理に従って導出することも可能（同書第2章第8節 式8-1 参照）ですが、ここでは砂川の教科書 [7] に従い、発見論的に導出してみましょう。

ニュートンの運動方程式は

$$m_0 \frac{d\mathbf{u}}{dt} = \mathbf{F} \tag{10.9}$$

※1 ⋯⋯ $\sqrt{1 - \frac{1}{c^2}\mathbf{u}^2}$ における $\mathbf{u}$ はある座標系での質点の（3次元的な）速度であって、座標変換の速度ではないことに注意しましょう。

ですが、ローレンツ共変な運動方程式をここでは、

$$m_0 \frac{dw_\mu}{d\tau} = f_\mu \tag{10.10}$$

の形を**仮定**して、4次元的な力 f_μ の満たすべき性質などを検討してみます。

パラメータ m_0 はニュートン運動方程式との対応から、**固有質量**、あるいは**静止質量**と呼ばれます。m_0 はいま考えている質点を特徴づける量であり、ローレンツ変換に対して不変あるいはスカラーであるとします。

したがって、

$$m_0 \frac{dw_\mu}{d\tau} = f_\mu \tag{10.11}$$

は右辺の f_μ がローレンツ変換に対してベクトルとして変換されるなら、共変な運動方程式といえます。

またこの時、

$$w_\mu(\tau) w^\mu(\tau) = c^2 \tag{10.12}$$

から f_μ は

$$w^\mu(\tau) f_\mu = 0 \tag{10.13}$$

を満足することが要請されます。

$$\begin{aligned}
\frac{dw^k(\tau)}{d\tau} &= \frac{d}{d\tau} \frac{u^k(t)}{\sqrt{1 - \frac{1}{c^2}\mathbf{u}^2}} \\
&= \frac{1}{\sqrt{1 - \frac{1}{c^2}\mathbf{u}^2}} \frac{d}{dt} \frac{u^k(t)}{\sqrt{1 - \frac{1}{c^2}\mathbf{u}^2}}
\end{aligned} \tag{10.14}$$

ここで、f_μ の空間成分と3次元的な力 $\mathbf{F}$ との間に、

$$f^k = \frac{1}{\sqrt{1 - \frac{1}{c^2}\mathbf{u}^2}} \mathbf{F}^k \tag{10.15}$$

の関係を**仮定**してみます。

この時、運動方程式は、（ニュートンの運動方程式を拡張した形の）

$$\frac{d}{dt}\frac{m_0 u^k(t)}{\sqrt{1 - \frac{1}{c^2}\mathbf{u}^2}} = F^i(t) \tag{10.16}$$

あるいは

$$\frac{d}{dt}\frac{m_0 \mathbf{u}(t)}{\sqrt{1 - \frac{1}{c^2}\mathbf{u}^2}} = \mathbf{F} \tag{10.17}$$

となります。

　非相対論的な極限で、この方程式はニュートンの運動方程式に明らかに一致します。

10.3　ローレンツ力

　いま4次元的な電磁場 $F_{\mu\nu}$ と4元速度 w_μ から作られる量、

$$f_\mu = \frac{e}{c}F_{\mu\nu}(\tau)w^\nu(\tau) \tag{10.18}$$

を考えてみます。$F_{\mu\nu}$ の定義から明らかに、この4次元的な力 f_μ は式 (10.13) の条件：

$$f_\mu w^\mu = \frac{e}{c}F_{\mu\nu}w^\mu w^\nu \equiv 0 \tag{10.19}$$

を満足しています。

$$\begin{aligned}
f_k &= \frac{e}{c}\left(F_{k0}w^0 + F_{kl}w^l\right) \\
&= \frac{e}{c}\left(-\mathbf{E}_k\frac{c}{\sqrt{1 - \frac{\mathbf{u}^2}{c^2}}} + c\epsilon_{klm}\mathbf{B}_m\frac{\mathbf{u}_l}{\sqrt{1 - \frac{\mathbf{u}^2}{c^2}}}\right) \\
&= -\frac{e}{\sqrt{1 - \frac{\mathbf{u}^2}{c^2}}}\left(\mathbf{E} + \mathbf{u} \times \mathbf{B}\right)
\end{aligned} \tag{10.20}$$

から、

10.3 • ローレンツ力 101

$$\frac{d}{dt}\frac{m_0\mathbf{u}(t)}{\sqrt{1-\frac{1}{c^2}\mathbf{u}^2}} = \mathbf{F}$$

$$= e\left(\mathbf{E}+\mathbf{u}\times\mathbf{B}\right) \tag{10.21}$$

となり、右辺は荷電 e を持つ質点が電磁場から受けるローレンツ力に他ならないことがわかります。

一方、共変な運動方程式の第0成分を考えると、

$$f_0 = \frac{e}{c}F_{0k}w^k$$

$$= \frac{e}{c}\frac{\mathbf{E}\cdot\mathbf{u}}{\sqrt{1-\frac{\mathbf{u}^2}{c^2}}} \tag{10.22}$$

ですから、

$$\frac{d}{dt}\frac{m_0c}{\sqrt{1-\frac{1}{c^2}\mathbf{u}^2}} = \frac{e}{c}\mathbf{E}\cdot\mathbf{u} \tag{10.23}$$

あるいは、

$$\frac{d}{dt}\frac{m_0c^2}{\sqrt{1-\frac{1}{c^2}\mathbf{u}^2}} = e\mathbf{E}\cdot\mathbf{u}$$

です。この第2式の右辺は単位時間あたりに荷電粒子が受ける仕事を表していますから、この式は左辺は質点のエネルギーの単位時間あたりの変化量を表していることがわかります。

言い換えると、

$$T \equiv \frac{m_0c^2}{\sqrt{1-\frac{1}{c^2}\mathbf{u}^2}} \tag{10.24}$$

は質点のエネルギーを表していると解釈できます。非相対論的極限では、

$$T \equiv \frac{m_0c^2}{\sqrt{1-\frac{\mathbf{u}^2}{c^2}}}$$

$$= m_0c^2\left(1+\frac{1}{2}\frac{\mathbf{u}^2}{c^2}\dots\right)$$

$$= m_0c^2 + \frac{m_0}{2}\mathbf{u}^2\dots \tag{10.25}$$

102   第 10 章   相対性力学

となり、ニュートン力学における質点の運動エネルギーと静止質量のエネルギー $m_0 c^2$ の和となっています。

これが有名なアインシュタインのエネルギーと質量の等価性の式

$$E = mc^2 \tag{10.26}$$

に他なりません。

4元的な運動量を $g_\mu = m_0 w_\mu$ によって定義すると、共変な運動方程式は

$$\frac{d}{d\tau} g_\mu = f_\mu \tag{10.27}$$

となります。さらに、

$$\begin{aligned}
g_\mu g^\mu &= m_0 w_\mu w^\mu \\
&= m_0^2 c^2
\end{aligned} \tag{10.28}$$

です。

10.3.1 練習問題

平行に進行する二つの荷電粒子 q_1 および q_2 の粒子に働く電磁力を考えます。観測系 K では、これらの粒子は互いに平行に、それぞれが速度 u_1 および u_2 で動いているとします。ここで粒子 1 の静止系 K1 を考えてみます。K1 では粒子 1 は静止しているので、それの作る磁場はなく、クーロン力に相当する電場だけを作り出します。観測系 K で見て、二つの荷電粒子が距離 d で隣り合った瞬間の二つの荷電粒子に働く力を考えます。K1 系では粒子 1 は原点（$x' = y' = 0$）に、もう一方の粒子（粒子 2）は $x' = 0, \, y' = d'$ の位置にいるとすれば、K1 系で粒子 1 の作る電場 E' および磁場 B' は、

$$\begin{cases}
E_x' = 0, \quad E_y' = \dfrac{1}{4\pi\varepsilon_0} \dfrac{q_1}{d'^2}, \quad E_z' = 0 \\[2mm]
B_x' = 0, \quad B_y' = 0, \quad B_z' = 0
\end{cases} \tag{10.29}$$

となります。したがって、粒子 1 が作る観測系 K での電場および磁場は、

10.3 • ローレンツ力

$$\begin{cases} E_x = E'_x = 0 \\ E_y = \gamma_1 \left(E'_y - \beta_1 B'_z \right) = \gamma_1 E'_y \\ E_z = \gamma_1 \left(E'_z + \beta_1 B'_y \right) = 0 \\ B_x = B'_x = 0 \\ cB_y = \gamma_1 \left(cB'_y + \beta_1 E'_z \right) = 0 \\ cB_z = \gamma_1 \left(cB'_z - \beta_1 E'_y \right) = \gamma_1 \beta_1 E'_y \end{cases} \tag{10.30}$$

またこれによって、粒子2が系K1で受ける力は：

$$F'_y = q_2 \left(E'_y - u'_2 cB'_z \right) = q_2 E'_y \tag{10.31}$$

です。ここで、u'_2 は系K1での粒子2の速度ですが、これは相対論における速度の合成則から

$$u'_2 = \frac{u_2 - u_1}{1 - \frac{u_2 u_1}{c^2}} \tag{10.32}$$

と求められます。

二つの粒子は平行に移動しているので、観測系Kにおいても二つの粒子の距離は $d = d'$ で同じです。粒子2が粒子1から受ける力は、

$$\begin{aligned} F_y(2) &= q_2 \left(E_y(1) - \beta_2 cB_z(1) \right) \\ &= q_2 \gamma_1 \left(E'_y(1) - \beta_2 \beta_1 E'_y(1) \right) \\ &= \gamma_1 \left(1 - \beta_1 \beta_2 \right) \frac{1}{4\pi\varepsilon_0} \frac{q_1 q_2}{d^2} \end{aligned} \tag{10.33}$$

です。逆に粒子1が粒子2の作る電磁場から受ける、観測系Kでのローレンツ力は、

$$\begin{aligned} F_y(1) &= q_1 \left(E_y(2) - \beta_1 cB_z(2) \right) \\ &= q_1 \gamma_2 \left(E'_y(2) - \beta_1 \beta_2 E'_y(2) \right) \\ &= -\gamma_2 \left(1 - \beta_1 \beta_2 \right) \frac{1}{4\pi\varepsilon_0} \frac{q_1 q_2}{d^2} \end{aligned} \tag{10.34}$$

となります。

二つの粒子の速度が同じ場合には、

$$F_y(1) = -\gamma \left(1 - \beta^2\right) \frac{1}{4\pi\varepsilon_0} \frac{q_1 q_2}{d^2}$$
$$= -\frac{1}{\gamma} \frac{1}{4\pi\varepsilon_0} \frac{q_1 q_2}{d^2} \tag{10.35}$$

となって二つの粒子に働く力は、相対論的極限 $\beta \to 1$ で 0 に近づいていきます。

● 第 11 章 ●

電磁場のゲージ変換とゲージ不変性

　ローレンツ変換に対して共変な形式で記述される電磁場は、4元ベクトルポテンシャル $A^{\mu}(x)$ を用いて、

$$
F_{\mu\nu} \equiv \partial_{\mu} A_{\nu} - \partial_{\nu} A_{\mu}
$$
$$
\partial^{\nu} F_{\nu\mu} = \frac{1}{c\varepsilon_0} j_{\mu} = c\mu_0 j_{\mu}
$$
$$(11.1)$$

と書き表されました。この方程式から、4元ポテンシャルを与えれば、それに対応する電磁場は一意に定まります。それではその逆、「ある電磁場の状態を与える4元ポテンシャルは一意に定まるのか」ということを考えてみると、実はこれは成り立ちません。異なる4元ポテンシャルが同じ電磁場を与えるという性質は、ゲージ変換とそれに対する不変性という考え方で説明されます。

　ゲージ変換の考え方は、現在の「素粒子の標準理論」において重要な役割を果たしています。

11.1　ゲージ変換

　ベクトルポテンシャルを使ったこれらの電磁場に対する式は、ベクトルポテンシャルに対するゲージ変換

$$
A_{\mu} \to A_{\mu} + \partial_{\mu} \lambda(x) \tag{11.2}
$$

に対して、不変であることが直ちにわかります。確かにこのような変換を行っても電磁場テンソルには影響を与えないのですから、マクスウェル方程式による物理学的な結論にも影響しません。

　式 (7.5) の第1式を第2式に代入すると、4元ベクトルポテンシャル A_{μ} は

$$\partial_\nu \partial^\nu A_\mu - \partial_\mu \left(\partial_\nu A^\nu \right) = c\mu_0 j_\mu \tag{11.3}$$

を満たします。ゲージ $\lambda(x)$ をゲージ変換後の4元ベクトルポテンシャル A_μ が

$$\partial_\nu A^\nu = 0 \tag{11.4}$$

を満たすように選ぶと、この式は、

$$\partial_\nu \partial^\nu A_\mu = \frac{1}{c\varepsilon_0} j_\mu \tag{11.5}$$

と四つのベクトルポテンシャルについて分離された方程式となります。式 (11.4) の条件を**ローレンツゲージ条件**と呼びます。

また、式 (11.5) は**ダランベール演算子**を $\square = \partial_\nu \partial^\nu = \frac{1}{c^2}\partial_t^2 - \partial_x^2 - \partial_y^2 - \partial_z^2$ で定義すれば、

$$\square A_\mu = \frac{1}{c\varepsilon_0} j_\mu \tag{11.6}$$

と書くことができます。

11.2　4元波数ベクトルの導入と相対論的ドップラー効果

いま見たように、ローレンツゲージ条件（式 (11.4)）の下では、共変なマクスウェル方程式（式 (11.5)）から、真空中の電磁場の方程式は

$$\square A_\mu = 0 \tag{11.7}$$

です。この方程式は平面波の解：

$$A_\mu(x) = a_\mu e^{ik_\nu x^\nu} \tag{11.8}$$

を持ちます。ただし、この平面波の4元波数ベクトル、k^μ $(\mu = 0, \ldots, 3)$ が条件、$k_\mu k^\mu = 0$ を満たすことが、式 (11.7) の解であることの条件です。

この解は運動系から見てもやはり同形の波動方程式の解ですから、k_μ は共

変ベクトルとして振る舞うことになります。

この解の係数 a_μ はお互いに独立ではありません。波動方程式 (11.7) はローレンツゲージ条件を用いて導かれましたので、これらの係数は

$$k_\mu a^\mu \equiv 0$$

を満足しなければなりません。この波動の進行方向を x 方向に選んで、$k^\mu = (\omega, k, 00)$ の場合を考えましょう。この時、係数 a_μ に対するゲージ条件は、

$$\omega a_0 + k a_x = 0$$

と時間成分と進行方向の成分だけの関係式となります。

ここで、進行方向の電場を考えてみます。

$$E_x = F_{0x} = i\omega a_x + ik a_0$$

波動を考えていますので、$\omega \neq 0$ とすれば、ゲージ条件は

$$E_x = F_{0x} = i\omega a_x + ik a_0$$
$$= i\frac{\omega^2 - k^2}{\omega} a_x = 0$$

となります。また、磁場については、波動の位相は横方向 (y, z) に依存しないので

$$B_x = F_{yz} = 0$$

です。これらは電磁波が横波であることに対応しています。

4元波数ベクトルは、3次元空間の波数ベクトル (k_x, k_y, k_z) と（角）周波数 ω を用いて、$k^\mu = (\omega/c, k_x, k_y, k_z)$ と書くことができます。

この時、条件 $k_\mu k^\mu = 0$ は

$$\omega^2/c^2 = k_x^2 + k_y^2 + k_z^2 \equiv k^2 \tag{11.9}$$

と、電磁波（光）の分散関係になっています。

x 軸方向のローレンツ変換を考えると、4元波数ベクトル k^μ は

$$\begin{cases} k'_x = \gamma \left(k_x - \beta \omega/c \right) \\ \omega'/c = \gamma \left(\omega/c - \beta k_x \right) \\ k'_y = k_y \\ k'_z = k_z \end{cases} \tag{11.10}$$

$$\text{ここで} \quad \gamma \equiv \frac{1}{\sqrt{1 - \beta^2}}, \ \beta \equiv \frac{v}{c}.$$

と変換されます。

ここで、この波は、x–y 平面内に平行に伝わっているとし、x 方向と $\mathbf{k}$ 方向との角度が θ, x' 方向と $\mathbf{k}'$ 方向との角度は θ' であったとしましょう。

$$\begin{aligned} ck_x = \omega \cos\theta, \quad & ck_y = \omega \sin\theta, \quad && ck_z = 0 \\ ck'_x = \omega' \cos\theta', \quad & ck'_y = \omega' \sin\theta', \quad && ck'_z = 0 \end{aligned} \tag{11.11}$$

の関係が成り立ちます。

これより、

$$\begin{aligned} \omega' \cos\theta' &= \gamma\omega \left(\cos\theta - \beta \right) \\ \omega' &= \gamma \left(1 - \beta\cos\theta \right) \omega \\ \omega' \sin\theta' &= \omega \sin\theta \end{aligned} \tag{11.12}$$

したがって、

$$\tan\theta' = \frac{1}{\gamma} \frac{\sin\theta}{\cos\theta - \beta} \tag{11.13}$$

これらの式、式 (11.12)、式 (11.13) は相対論的なドップラー効果を与えています。

まず、波の進行方向と座標系の移動方向が同じ場合（$\theta = 0$）を考えて見ましょう。電磁波と同じ向きに速度 $v = c\beta$ で移動している観測者（運動系 K'）の見る周波数（ω'）は、静止系（静止系 K）での観測者の見る周波数（ω）に対して、

$$\begin{aligned} \omega' &= \gamma \left(1 - \beta \right) \omega \\ &= \sqrt{\frac{1-\beta}{1+\beta}} \omega \quad = \left(1 - \beta \right) \frac{1}{\sqrt{1 - \beta^2}} \omega \end{aligned} \tag{11.14}$$

の関係を持ちます。これは、光源に対して観測者が遠ざかっている効果（通常のドップラー効果）$1 - \beta$ と時計の遅れによる効果の組み合わせになっています。

今度は、$\theta = \pi/2$ の場合を考えるとさらに

$$
\begin{cases}
\omega' = \gamma\omega \\
\cos\theta' = -\beta \\
\sin\theta' = 1/\gamma
\end{cases}
\tag{11.15}
$$

であることに注意しましょう。相対論効果（時計の遅れ）により、真横から来る電磁波についてもドップラー効果により周波数が変化します。これは第 9.2 節で述べた横ドップラー効果の一例です。

第12章

変分原理と解析力学

この章では、変分原理と一般座標に基づく解析力学の手法について説明します。解析力学の手法は古典力学にとどまらず、一般相対性理論や場の量子論においても重要な手法となっています。ここでは、解析力学の手法を用いて古典的な電磁気学がどのように表現されるかをご説明します。この章は、他の章とは独立性が高いので、必要に応じてご参照ください。

12.1 変分原理を使った運動方程式の表現

ここまでニュートンの運動方程式、マクスウェル方程式、相対論的運動方程式はすべて特定の座標系（直交座標系）での方程式を使ってきました。問題によっては、直交座標系ではなく、別の座標系（例えば加速器の荷電粒子光学での加速器座標系）を使うことが便利な場合もあります。座標系のとり方によらない力学系（運動方程式）の記述には、解析力学（analytical mechanics）の手法が使われます。解析力学においては、一般座標と作用積分および「最小作用の原理」が基本となります。これまで知られている様々な方程式が最小作用の原理から導かれることがわかっています。特に、古典的な運動方程式の「最小作用の法則」は系の量子化から正当化される（ファインマンの経路積分の方法）と考えられます。

解析力学には

- **ラグランジュ形式：** 一般化座標 q とその時間微分 $\dot{q}$ で系を記述
- **ハミルトン形式：** 正準座標 q と正準運動量 p で系を記述

の二つの形式が使われます。これらの形式は相互に、後述のルジャンドル変換で関連づけられています（第13.4節）。

この章では、最小作用の原理のラグランジュ形式とハミルトン形式の取り扱いについて述べた後、電磁場の方程式を最小作用の原理から導くためのラグランジアンおよびハミルトニアンについて紹介します。

12.2 ラグランジュ形式と最小作用の原理

ここではまず、一般化座標とラグランジュ形式を使った解析力学の枠組みでの運動方程式の取り扱いを説明します。

12.2.1 作用積分とラグランジアン

ラグランジュ形式では、**作用積分**（式 (12.1)）はラグランジアン $L(q, \dot{q})$ を用いて、

$$\mathcal{S} = \int_{t_1}^{t_2} L\left(q, \dot{q}\right) dt \tag{12.1}$$

と定義されます。ここで、q および $\dot{q}$ 系を記述する一般化座標とその時間微分です。

ニュートン力学のラグランジアン（式 (12.2)）はポテンシャル $U(x)$ の保存力による運動に対して、

$$\mathcal{L} = \frac{m}{2} v^2 - U(x) \tag{12.2}$$

であることが知られています。

12.2.2 最小作用の原理と運動方程式

ラグランジュ形式における運動は両端（$t = t_1$ および $t = t_2$）での q および $\dot{q}$ を固定して作用が最小となる軌跡と考えます（**最小作用の原理**）。これより導かれる運動方程式は、

$$\begin{aligned}
\delta \mathcal{S} &= \int dt \left[\frac{\partial L}{\partial q} \delta q + \frac{\partial L}{\partial \dot{q}} \delta \dot{q} \right] \\
&= \int dt \left[\frac{\partial L}{\partial q} - \frac{d}{dt} \frac{\partial L}{\partial \dot{q}} \right] \delta q
\end{aligned}$$

$$= 0$$

より

$$\frac{\partial \mathcal{L}}{\partial q} - \frac{d}{dt}\frac{\partial \mathcal{L}}{\partial \dot{q}} = 0 \tag{12.3}$$

となります（オイラー方程式あるいはラグランジュ方程式）。

座標変換 $Q = Q(q)$ でこの運動方程式がどうなるかを考えてみましょう。

$$Q = Q(q)$$

$$\dot{Q} = \frac{\partial Q}{\partial q}\dot{q}$$

$$\mathcal{L}'(Q, \dot{Q}) = \mathcal{L}(q, \dot{q})$$

$$\frac{\partial Q}{\partial \dot{q}} = 0$$

$$\frac{\partial \dot{Q}}{\partial \dot{q}} = \frac{\partial Q}{\partial q}$$

に注意すると、

$$\frac{\partial \mathcal{L}}{\partial q} - \frac{d}{dt}\frac{\partial \mathcal{L}}{\partial \dot{q}} = -\frac{d}{dt}\left(\frac{\partial \mathcal{L}'}{\partial Q}\frac{\partial Q}{\partial \dot{q}} + \frac{\partial \mathcal{L}'}{\partial \dot{Q}}\frac{\partial \dot{Q}}{\partial \dot{q}}\right)$$

$$+ \frac{\partial \mathcal{L}'}{\partial Q}\frac{\partial Q}{\partial q} + \frac{\partial \mathcal{L}'}{\partial \dot{Q}}\frac{\partial \dot{Q}}{\partial q}$$

$$= \left(\frac{\partial \mathcal{L}'}{\partial Q} - \frac{d}{dt}\frac{\partial \mathcal{L}'}{\partial \dot{Q}}\right)\frac{\partial Q}{\partial q}$$

となりました。つまり、座標変換後の運動方程式：

$$\frac{\partial \mathcal{L}'}{\partial Q} - \frac{d}{dt}\frac{\partial \mathcal{L}'}{\partial \dot{Q}} = 0 \tag{12.4}$$

は式 (12.3) と同じ形式のオイラー方程式となりました。このように、ラグランジュ形式で物理法則を記述することができると、その物理法則は座標系の取り方によらず同じ形式で記述することができるわけです。

12.2.3 運動方程式の例

作用積分としてローレンツ不変な次の量を考えます。

$$S = \int_{p_1}^{p_2} \left(-m_0 - eA_\mu \frac{dz^\mu}{d\tau} \right) d\tau$$

$$= \int_{p_1}^{p_2} dt \left\{ -m_0 \sqrt{1 - \mathbf{u}^2} - eA_\mu \frac{dz^\mu}{dt} \right\}$$

（以下しばらく $c = 1$ とします。）

したがって、ラグランジアン $\mathcal{L}$ は、

$$\mathcal{L}(\mathbf{z}, \mathbf{u}) = -m_0 \sqrt{1 - \mathbf{u}^2} - e\phi + e\mathbf{A} \cdot \mathbf{u}$$

です。この時、運動方程式は、

$$\frac{d}{dt} \frac{\partial \mathcal{L}}{\partial u_x} = \frac{d}{dt} \left(\frac{m_0}{\sqrt{1 - \mathbf{u}^2}} u_x + e\mathbf{A}_x \right)$$

$$\frac{\partial \mathcal{L}}{\partial x} = -e\frac{\partial \phi}{\partial x} + e\left(\frac{\partial A_x}{\partial x} u_x + \frac{\partial A_y}{\partial x} u_y + \frac{\partial A_z}{\partial x} u_z \right)$$

から、

$$\frac{d}{dt} \frac{\partial \mathcal{L}}{\partial u_x} - \frac{\partial \mathcal{L}}{\partial x} = \frac{d}{dt} \left(\frac{m_0}{\sqrt{1 - \mathbf{u}^2}} u_x \right) + e\frac{\partial \phi}{\partial x} + e\frac{\partial A_x}{\partial t} - e\left(u_y B_z - u_z B_y \right) = 0$$

となります。これは外場 A_μ によるローレンツ力を受けている質点の相対論的な運動方程式

$$\frac{d}{dt} \left(\frac{m_0}{\sqrt{1 - \mathbf{u}^2}} \mathbf{u} \right) = e\left(\mathbf{E} + \mathbf{u} \times \mathbf{B} \right)$$

に他なりません。

12.3　ラグランジアンとネーターの定理

　連続パラメータを持つ変換に対して作用積分あるいはラグランジアンが不変な場合、対応する保存量があることがネーターの定理によって示されます。

12.3.1　ネーターの定理

一般化座標の変換

$$\delta q_i = \omega_i^r \epsilon_r$$

$$\delta t = T^r \epsilon_r \tag{12.5}$$

を考えます。ここで ω_i^r は変換を特徴づける構造定数、ϵ_r は変換の大きさを示すパラメータです。

これに対する作用積分の変化を求めてみましょう。この時、運動方程式から

$$\frac{\partial L}{\partial t} = \frac{d}{dt}\left(L - \frac{\partial L}{\partial \dot{q}_i}\dot{q}_i\right) \tag{12.6}$$

が成り立つことに注意します。これを使うと、この変換によって引き起こされるラグランジアンの変化は、

$$
\begin{aligned}
\delta L &= \left(\frac{\partial L}{\partial q_i}\delta q_i + \frac{\partial L}{\partial \dot{q}_i}\delta \dot{q}_i + \frac{\partial L}{\partial t}\delta t\right) \\
&= \left(\frac{d\frac{\partial L}{\partial \dot{q}_i}}{dt}\delta q_i + \frac{\partial L}{\partial \dot{q}_i}\delta \dot{q}_i + \frac{\partial L}{\partial t}\delta t\right) \\
&= \frac{d}{dt}\left(\frac{\partial L}{\partial \dot{q}_i}\delta q_i\right) + \frac{d}{dt}\left(L - \frac{\partial L}{\partial \dot{q}_i}\dot{q}_i\right)\delta t \\
&= \frac{d}{dt}\left[\frac{\partial L}{\partial \dot{q}_i}\omega_i^r + \left(L - \frac{\partial L}{\partial \dot{q}_i}\dot{q}_i\right)T_r\right]\epsilon_r = 0
\end{aligned}
\tag{12.7}
$$

であることがわかります。ラグランジアンはこの変換に対して不変 $(\delta L = 0)$ でしたから、

$$\frac{d}{dt}\left[\frac{\partial L}{\partial \dot{q}_i}\omega_i^r + \left(L - \frac{\partial L}{\partial \dot{q}_i}\dot{q}_i\right)T_r\right]\epsilon_r = 0$$

でなければなりません。ここで、量 Q_r を

$$Q_r \equiv \left(\frac{\partial L}{\partial \dot{q}_i}\dot{q}_i - L\right)T_r - \frac{\partial L}{\partial \dot{q}_i}\omega_i^r \tag{12.8}$$

で定義すると、上の式は

$$\frac{dQ_r}{dt}\epsilon_r = 0$$

となり、この量 Q_r が保存される（時間的に変化しない）ことを示しています。

このように、系が無限小変換（式(12.5)）に対して不変の時、式(12.8)で定

義される量 Q_r は保存量となります。これを**ネーターの定理**と呼びます。

全運動量の保存

空間座標の無限小平行移動：

$$\omega_i^k = -\delta_{ki}$$

を考えます。これに対する保存量は、

$$P_k = -\frac{\partial L}{\partial \dot{x}_i}\delta_{ki}$$
$$= p_k$$

となり、全運動量が保存されることがわかります。

全エネルギーの保存

同様に時間軸の並進を考えると、

$$\mathcal{T}_r = 1$$

です。これに対する保存量は、

$$H = \left(\frac{\partial L}{\partial \dot{q_i}}\dot{q}_i - L\right)$$

となり、全エネルギーが保存されることがわかります。

全角運動量の保存

座標系の無限小回転：

$$\omega_i^k = -\varepsilon_{ijk}x_j$$

を考えてみます。これに対する保存量は、

$$Q_k = -\frac{\partial L}{\partial \dot{x}_i}\varepsilon_{ijk}x_j$$
$$= \varepsilon_{ijk}x_i p_j$$

116 ◦ 第12章 変分原理と解析力学

となり、全角運動量が保存されることを示しています。

◦ 12.3.2 ◦ 場の理論におけるネーターの定理

電磁場などの場を含む系のネーターの定理も証明されています。場の理論では、力学変数は時空の各点に割り当てられた場の量そのものです。このため、変分も関数による微分を考えることになります。

場を $\phi(x)$ とし、そのラグランジアンを、$L = L(\phi, \partial_\mu \phi, x)$ とします。この時、場の方程式は、

$$\frac{\delta L}{\delta \phi} - \partial_\mu \frac{\delta L}{\delta \partial_\mu \phi} = 0 \tag{12.9}$$

です。座標の並行移動：

$$x_\mu \to x_\mu + \epsilon_\mu \tag{12.10}$$

に対して作用積分の変化は、

$$\begin{aligned}\delta S &= \int d^4x \frac{\partial L}{\partial x_\mu} \epsilon^\mu \\ &= \int d^4x \eta_{\mu\nu} \frac{\partial L}{\partial x_\nu} \epsilon^\mu\end{aligned} \tag{12.11}$$

です。系は明示的に座標を含まないことから、$\frac{\partial L}{\partial x_\nu}$ は場の量 $\phi(x)$ を通じての依存性だけを考えればよいので、作用積分の変化は次の式で与えられます：

$$\begin{aligned}\delta S &= \int d^4x \left(\frac{\delta L}{\delta \phi} \partial_\mu \phi \epsilon^\mu + \frac{\delta L}{\delta \partial_\nu \phi} \partial_\mu \partial_\nu \phi \epsilon^\mu \right) \\ &= \int d^4x \partial_\nu \left(\frac{\delta L}{\delta \partial_\nu \phi} \partial_\mu \phi \right) \epsilon^\mu\end{aligned} \tag{12.12}$$

これより、

$$\int d^4x \partial^\mu \left(\frac{\delta L}{\delta \partial^\mu \phi} \partial_\nu \phi - \eta_{\mu\nu} L \right) \epsilon^\nu = 0 \tag{12.13}$$

が成り立つことがわかります。ここで、

$$T_{\mu\nu} = \frac{\delta L}{\delta \partial^\mu \phi} \partial_\nu \phi - \eta_{\mu\nu} L \tag{12.14}$$

を定義してみましょう。式 (12.13) から

$$\partial^\mu T_{\mu\nu} = 0 \qquad (12.15)$$

が成り立つことがわかります。

$$P_\mu \equiv \int dV T_{0\mu} \qquad (12.16)$$

で4元ベクトル P_μ を定義すると、この4元ベクトルが保存されることがわかります。

$$P_0 = \int dV T_{00} = \int dV \left(\frac{\delta L}{\delta \dot\phi} \dot\phi - L \right) \qquad (12.17)$$

はハミルトニアンになっていることがわかります。P_μ はエネルギー・運動量ベクトルを与えています。

$$\begin{aligned} \frac{dP_\mu}{dt} &= \int dV \frac{\partial T_{0\mu}}{\partial t} \\ &= -\int dV \frac{\partial T_{k\mu}}{\partial x_k} = -\int dS^k T_{k\mu} = 0 \end{aligned} \qquad (12.18)$$

から、全系のエネルギーが保存していることがわかります。

12.4　ハミルトン形式とハミルトニアン

　ラグランジュ形式では作用積分は一般化座標 q とその時間微分 $\dot q$ の関数であるラグランジアン $L = L(q, \dot q)$ を用いて記述されました。ラグランジュ形式では、一般化座標の座標変換 $Q = Q(q)$ に対して、運動方程式を与える系統的な方法を与えます。

　ハミルトン形式では、一般化座標 q に加え q の正準共役運動量 p を導入します。ハミルトン形式では、単なる座標変換では書き表すことができないより広い変換、正準変換に対して、運動方程式の形式が変わらないことが示されます。

12.4.1 正準運動量

ラグランジュ形式では、最小作用の原理から運動方程式：

$$\frac{d}{dt}\frac{\partial L}{\partial \dot{q}} - \frac{\partial L}{\partial q} = 0$$

を導きました。

ハミルトン形式に移行するために**正準運動量** p を

$$p \equiv \frac{\partial L\left(q, \dot{q}\right)}{\partial \dot{q}}$$

によって定義します。

例えば、相対論的な質点の運動のラグランジアン：

$$L(\mathbf{x}, \mathbf{u}) = -m_0\sqrt{1 - \mathbf{u}^2} - e\phi + e\mathbf{A} \cdot \mathbf{u}$$

の場合には、正準運動量 $\mathbf{p}$ は、

$$\mathbf{p} = \frac{m_0\mathbf{u}}{\sqrt{1 - \mathbf{u}^2}} + e\mathbf{A}$$

です。

12.5 ルジャンドル変換とハミルトニアン

ハミルトニアン形式では系を正準座標と正準運動量の組 (q, p) で記述します。この時にハミルトニアン（ハミルトン関数）$H = H(q, p)$ を導入します。

$$H(q, p) = p\dot{q} - L\left(q, \dot{q}(q, p)\right)$$

この変換は、熱力学における、全エネルギーとヘルムホルツの自由エネルギーの関係

$$F(T, V) = U(S, V) - TS$$

と同じく**ルジャンドル変換**［第 13.4 節］によって関係づけられています。

$$\delta U(S, V) = T\delta S - P\delta V = \delta(TS) - S\delta T - P\delta V$$

$$\delta F(T, V) = -S\delta T - P\delta V$$

これと同様にして、H の変分を考えてみましょう：

$$\delta H = \delta(p\dot{q} - L)$$

$$= p\delta\dot{q} + \dot{q}\delta p - \frac{\partial L}{\partial q}\delta q - \frac{\partial L}{\partial \dot{q}}\delta\dot{q}$$

$$= \dot{q}\delta p - \dot{p}\delta q$$

ここで、オイラーの運動方程式と正準運動量の定義を使っています。

一方

$$\delta H = \frac{\partial H}{\partial q}\delta q + \frac{\partial H}{\partial p}\delta p$$

ですから、正準座標に対する運動方程式はハミルトニアンを用いて、

$$\dot{p} = -\frac{\partial H}{\partial q}, \qquad \dot{q} = \frac{\partial H}{\partial p}$$

となることがわかります。

また、ハミルトン形式での作用積分は

$$S = \int dt\,(p\dot{q} - H(q, p))$$

となります。

12.6 ポアソンの括弧式

ハミルトン形式での力学変数 $p,\,q$ の関数 $A(q, p)$ の時間変化を考えると、

$$\frac{dA(q, p)}{dt} = \frac{\partial A}{\partial q}\dot{q} + \frac{\partial A}{\partial p}\dot{p}$$

$$= \frac{\partial A}{\partial q}\frac{\partial H}{\partial p} - \frac{\partial A}{\partial p}\frac{\partial H}{\partial q}$$

です。ここで、**ポアソンの括弧式** $[f(q, p), g(q, p)]$ を

$$[f(q,p), g(q,p)] = \frac{\partial f}{\partial q}\frac{\partial g}{\partial p} - \frac{\partial f}{\partial p}\frac{\partial g}{\partial q}$$

で定義すると、A の時間変化は、

$$\frac{dA(q,p)}{dt} = [A, H]$$

と表現できます。特にハミルトニアン H が陽に時間に依存しない時には、

$$\frac{dH(q,p)}{dt} = [H, H] = 0$$

はハミルトニアンの表す物理量（これは系の全エネルギーに他ならない）が保存することを示しています。

これはネーターの定理からも系が時間の並進に対して不変な場合には、そのネーター荷電は、

$$Q_r \equiv \left(\frac{\partial L}{\partial \dot{q}_i} \dot{q}_i - L \right) T_r$$
$$= p\dot{q} - L = H(q, p)$$

となることからも理解できます。また、ハミルトニアンが系のエネルギーを表していることはこのことからも理解できます。

ポアソンの括弧式の特別な場合として

$$[q, p] = 1 \tag{12.19}$$

は量子力学における交換子積：

$$[\hat{q}, \hat{p}] = \hat{q}\hat{p} - \hat{p}\hat{q} = \hbar \tag{12.20}$$

との対応で重要です。

12.6.1 相対論的な質点の運動

例えば、相対論的な質点の運動のラグランジアン：

$$L(\mathbf{x}, \mathbf{u}) = -m_0 c^2 \sqrt{1 - \frac{\mathbf{u}^2}{c^2}} - e\phi + e\mathbf{A} \cdot \mathbf{u}$$

の場合には、正準運動量 $\mathbf{p}$ は、

$$\mathbf{p} = \frac{m_0 \mathbf{u}}{\sqrt{1 - \frac{\mathbf{u}^2}{c^2}}} + e\mathbf{A}$$

となります。

これからハミルトニアン $H(p, x) = pu - L(x, u)$ を求めてみます。

相対論的な質点に対してハミルトニアンは

$$H\left(\mathbf{x}, \mathbf{p}\right) = \sqrt{\left(\mathbf{p} - e\mathbf{A}\right)^2 c^2 + m_0{}^2 c^4} + e\phi$$

となります。

運動方程式は

$$\dot{\mathbf{x}} = \mathbf{u} = \frac{\partial H}{\partial \mathbf{p}}$$

$$= \frac{\left(\mathbf{p} - e\mathbf{A}\right) c^2}{\sqrt{\left(\mathbf{p} - e\mathbf{A}\right)^2 c^2 + m_0{}^2 c^4}}$$

$$\dot{\mathbf{p}} = -\frac{\partial H}{\partial \mathbf{x}}$$

$$= e\frac{\left(\mathbf{p} - e\mathbf{A}\right) c^2}{\sqrt{\left(\mathbf{p} - e\mathbf{A}\right)^2 c^2 + m_0{}^2 c^4}}\frac{\partial \mathbf{A}}{\partial \mathbf{x}} - e\frac{\partial \phi}{\partial \mathbf{x}}$$

で、これを整理すると、結局これまでの与えられた電磁場中での相対論的な質点の運動方程式が再現されます。

ハミルトニアンの導出の詳細

まず、

$$\sqrt{1 - \mathbf{u}^2/c^2} = \frac{m_0 c}{\sqrt{\left(\mathbf{p} - e\mathbf{A}\right)^2 + m_0^2 c^2}}$$

$$\mathbf{p} - e\mathbf{A} = \frac{m_0 \mathbf{u}}{1 - \frac{\mathbf{u}^2}{c^2}}$$

$$\left(\mathbf{p} - e\mathbf{A}\right)^2 + m_0^2 c^2 = \frac{m_0^2 c^2}{1 - \frac{\mathbf{u}^2}{c^2}}$$

$$\mathbf{u} = \left(\mathbf{p} - e\mathbf{A}\right) \frac{c}{\sqrt{\left(\mathbf{p} - e\mathbf{A}\right)^2 + m_0^2 c^2}}$$

に注意すると、ハミルトニアンは、

$$
\begin{aligned}
H &= \mathbf{p} \cdot \mathbf{u} - L \\
&= (\mathbf{p} - e\mathbf{A}) \cdot \mathbf{u} + m_0 c^2 \sqrt{1 - \frac{\mathbf{u}^2}{c^2}} + e\phi \\
&= \frac{c\,(\mathbf{p} - e\mathbf{A})^2}{\sqrt{(\mathbf{p} - e\mathbf{A})^2 + m_0^2 c^2}} + \frac{m_0^2 c^3}{\sqrt{(\mathbf{p} - e\mathbf{A})^2 + m_0^2 c^2}} + e\phi \\
&= \sqrt{(\mathbf{p} - e\mathbf{A})^2 c^2 + m_0^2 c^4} + e\phi
\end{aligned}
\tag{12.21}
$$

となります。

第 13 章

電磁場と変分原理

13.1 電磁場のエネルギー・運動量テンソル

系が並進対称性を持つ時、それに対するネーターの保存量が全運動量および全エネルギーであることが、式 (12.8) で示されています。

これに従って、電磁場のエネルギー／運動量の保存則をラグランジアンから求めてみましょう。

13.1.1 電磁場の作用積分と運動方程式

電磁場を最小作用の原理で取り扱う際には、電磁場のラグランジアンが必要となります。質点の運動方程式を考える際には、力学変数は質点の座標でした。電磁場の運動方程式（マクスウェル方程式）に対しては、電磁場を表現する力学変数として、ベクトルポテンシャル、$A_\mu(x)$ が用いられます。

マクスウェル方程式はローレンツ変換に対して不変ですので、電磁場の作用積分はローレンツ変換に対して不変であることが要求されます。これを考慮して電磁場の作用積分は次の式で与えられます。

$$S_{EM} = \int d^4x \left(-\frac{\varepsilon_0}{4} F_{\mu\nu} F^{\mu\nu} \right)$$

この作用積分から正準エネルギー運動量テンソルを定義します：

$$T_{\mu\nu} = \frac{\delta L}{\delta \partial^\mu A^\lambda} \partial_\nu A^\lambda - \eta_{\mu\nu} \left(-\frac{\varepsilon_0}{4} F_{\rho\sigma} F^{\rho\sigma} \right)$$
$$= -\varepsilon_0 F_{\mu\lambda} \partial_\nu A^\lambda - \eta_{\mu\nu} L$$

13.1.2 対称エネルギー・運動量テンソル

上の定義式で与えられるテンソルは座標の指標の交換に対して対称ではあり

ません。しかし、空間積分されたエネルギー・運動量に影響を与えない（表面積分が0となる）項を付け加えて、テンソルを対称化することができます。

$$T_{\mu\nu} = -\varepsilon_0 F_{\mu\lambda} F_\nu{}^\lambda - \eta_{\mu\nu} L + \varepsilon_0 F_{\mu\lambda} \partial^\lambda A_\nu$$

$$= -\varepsilon_0 F_{\mu\lambda} F_\nu{}^\lambda - \eta_{\mu\nu} L + \varepsilon_0 \partial^\lambda \left(F_{\mu\lambda} A_\nu \right) - \varepsilon_0 \left(\partial^\lambda F_{\mu\lambda} \right) A_\nu$$

ここで、$T_{\mu\nu}$ に μ および λ について反対称な量 $\psi_{\lambda\mu\nu}$ があった時、$T_{\mu\nu}$ に $\partial^\lambda \psi_{\lambda\mu\nu}$ を付け加えても、積分 P_μ は変わらないことから、対称化されたエネルギー・運動量テンソル

$$T_{\mu\nu} = -\varepsilon_0 F_{\mu\lambda} F_\nu{}^\lambda - \eta_{\mu\nu} L - j_\mu A_\nu$$

が導かれます（参考：砂川 [7] 第 11 章 (3.50) 式、および第 12 章 (2.53) 式）。

● 13.1.3 ● エネルギーおよび運動量

$$T_{\mu\nu} = -\varepsilon_0 F_{\mu\lambda} \partial_\nu A^\lambda - \eta_{\mu\nu} \left(-\frac{\varepsilon_0}{4} F_{\rho\sigma} F^{\rho\sigma} \right)$$

からエネルギー・運動量ベクトル P_μ は

$$P_\mu = \int dV T_{0\mu}$$

で定義されます。特に

$$P_0 = H = \int dV T_{00}$$

$$= \int dV \left[-\varepsilon_0 F_{0k} \partial_0 A^k - \left(-\frac{\varepsilon_0}{4} F_{\rho\sigma} F^{\rho\sigma} \right) \right]$$

$$= \int dV \left[\varepsilon_0 \mathbf{E}_k \left(\mathbf{E}_k + \partial_k A^0 \right) - \left(\frac{\varepsilon_0}{2} \left(\mathbf{E} \cdot \mathbf{E} - c^2 \mathbf{B} \cdot \mathbf{B} \right) \right) \right]$$

$$= \int dV \left[\frac{\varepsilon_0}{2} \mathbf{E} \cdot \mathbf{E} + \frac{1}{2\mu_0} \mathbf{B} \cdot \mathbf{B} - \rho A_0 \right]$$

です。ここで、

$$F_{0k} = \partial_0 A_k - \partial_k A_0 = \mathbf{E}_k$$

$$F_{ij} = -c \epsilon_{ijk} \mathbf{B}_k$$

$$\varepsilon_0 \mu_0 = \frac{1}{c^2}$$

に注意しましょう。

また、エネルギー・運動量ベクトルの空間成分を電場／磁場で表現すると、

$$
\begin{aligned}
cP_k &= \int dV\, T_{0k} \\
&= -\varepsilon_0 \int dV\, F_{0l}\partial_k A^l \\
&= -\varepsilon_0 \int dV\, F_{0l}\left(F_k{}^l + \partial^l A_k\right) \\
&= \varepsilon_0 \int dV\, (c\mathbf{E}\times\mathbf{B} + (\mathrm{div}\,\mathbf{E})\,\mathbf{A}) \\
&= \int dV\, (\varepsilon_0 c\mathbf{E}\times\mathbf{B} - \rho\mathbf{A})
\end{aligned}
$$

となります。

13.2　電磁場の正準形式

さて、電荷の保存則 $\partial_\mu j^\mu = 0$ を満たす電場密度／電流密度 j^μ が作る電磁場のラグランジアンは、

$$
\mathcal{S} = \int dx^0 dx^1 dx^2 dx^3 \left\{ -\frac{\varepsilon_0}{4}F_{\mu\nu}F^{\mu\nu} + j_\mu A^\mu \right\} \tag{13.1}
$$

で与えられます。

通常の正準化の手続きに従えば、正準運動量を定義するベクトルポテンシャル A^k の正準運動量 Π_k は、

$$
\begin{aligned}
\Pi_k(x) &\equiv \frac{\delta\mathcal{S}}{\delta\dot{A}^k(x)} \\
&= -F_{0k}(x) = -\varepsilon_0\mathbf{E}_k \\
&= -\varepsilon_0\left(-\boldsymbol{\nabla}\phi - \frac{\partial\mathbf{A}}{\partial t}\right)
\end{aligned}
$$

です。

次に、スカラーポテンシャル A^0 の正準運動量 Π_0 を考えてみましょう。し

かし、ラグランジアンには $\dot{A}^0$ は含まれていませんから、

$$\Pi_0 \equiv \frac{\delta \mathcal{S}}{\delta \dot{A}^0(x)} = 0$$

となり、A^0 の正準運動量 Π_0 を定義することができません。これはハミルトニアン形式を考える際には、スカラーポテンシャルは独立な力学変数として取り扱えないことを示しています。

ラグランジアンから導かれるオイラー方程式について考えると、A^0 の変分から導かれる方程式は、

$$\begin{aligned}
0 &= \partial^\mu \frac{\delta \mathcal{S}}{\delta \partial^\mu A^0} - \frac{\delta \mathcal{S}}{\delta A^0} \\
&= \partial^k \frac{\delta \mathcal{S}}{\delta \partial^k A^0} - \frac{\delta \mathcal{S}}{\delta A^0} \\
&= \partial^k \frac{\delta \mathcal{S}}{\delta \partial^k A^0} - \frac{\delta \mathcal{S}}{\delta A^0} \\
&= \varepsilon_0 \partial^k F_{0k} - j_0 \\
&= \nabla \cdot \mathbf{E} - \rho
\end{aligned}$$

です。この式は系の時間発展を与えませんが、初期条件で満足されていれば他のマクスウェル方程式と全電荷の保存則から、常に成立することは以前（式 (2.11)）にみた通りです。

ということで、砂川の教科書に従って、4元ポテンシャルのうち空間成分（ベクトルポテンシャル）だけが力学変数であると考えて、この後の考察を進めてみましょう。

荷電粒子と電磁場が相互作用している時、荷電粒子のハミルトニアンは、

$$H = \sqrt{(\mathbf{p} - e\mathbf{A})^2 c^2 + m_0^2 c^4} + e\phi$$

でした（式 (12.21)）。

電磁場部分についてのハミルトニアンを考えると

13.2 電磁場の正準形式 127

$$\mathcal{H}_{\mathcal{EM}} = \Sigma_k \Pi^k \dot{A}^k - \mathcal{L}_{EM}$$

$$= \mathbf{\Pi} \cdot \dot{\mathbf{A}} - \frac{1}{2}\left(\mathbf{D} \cdot \mathbf{E} - \mathbf{H} \cdot \mathbf{B}\right)$$

$$= \mathbf{\Pi} \cdot \varepsilon_0 \left(\mathbf{\Pi} - \boldsymbol{\nabla} A^0\right) - \frac{1}{2}\left(\mathbf{D} \cdot \mathbf{E} - \mathbf{H} \cdot \mathbf{B}\right) \tag{13.2}$$

$$= \frac{1}{2}\left(\mathbf{D} \cdot \mathbf{E} + \mathbf{H} \cdot \mathbf{B}\right) + \mathbf{D} \cdot \boldsymbol{\nabla} A^0$$

です。

この式での最後の項 $\mathbf{D} \cdot \boldsymbol{\nabla} A^0$ は、粒子と電磁場の相互作用をハミルトニアンのスカラーポテンシャル部分と合わせると

$$\rho A^0 + \mathbf{D} \cdot \boldsymbol{\nabla} A^0 = \boldsymbol{\nabla} \cdot \mathbf{D} A^0 + \mathbf{D} \cdot \boldsymbol{\nabla} A^0$$

$$= \boldsymbol{\nabla} \cdot \left(\mathbf{D} \cdot \boldsymbol{\nabla} A^0\right)$$

と作用積分で部分積分により、表面積分に置き換えられるため、全ハミルトニアンには寄与しません。

結局、荷電粒子と電磁場が相互作用する系の全ハミルトニアンは、

$$\mathcal{H} = \sqrt{\left(\mathbf{p} - e\mathbf{A}\right)^2 c^2 + m_0^2 c^4}$$

$$+ \int d^3x \frac{1}{2}\left(\mathbf{D} \cdot \mathbf{E} + \mathbf{H} \cdot \mathbf{B}\right)$$

となります。このハミルトニアン形式では、系のローレンツ不変性が見えにくくなっています。しかし、この結果自体は、ローレンツ変換に対して不変なラグランジアンから出発しているので、物理的な結果はローレンツ変換によって不変（なはず）です。

さて、この荷電粒子と電磁場の相互作用している系の運動方程式を全ハミルトニアンから、導くことを考えてみましょう。

$$\dot{\mathbf{z}} = \frac{\partial \mathcal{H}}{\partial \mathbf{p}}$$

$$= \frac{c\,(\mathbf{p} - e\mathbf{A})}{\sqrt{(\mathbf{p} - e\mathbf{A})^2 + m_0{}^2 c^2}} \equiv \mathbf{u}$$

$$\dot{\mathbf{p}} = -\frac{\partial \mathcal{H}}{\partial \mathbf{z}}$$

$$= \frac{c\,(\mathbf{p} - e\mathbf{A}) \cdot \left(-e\frac{\partial \mathbf{A}}{\partial \mathbf{z}}\right)}{\sqrt{(\mathbf{p} - e\mathbf{A})^2 + m_0^2 c^2}} \qquad (13.3)$$

$$= -ec\,\mathbf{u} \cdot \left(\frac{\partial \mathbf{A}}{\partial \mathbf{z}}\right)$$

$$\varepsilon_0 \frac{\partial \mathbf{E}}{\partial t} = \frac{\partial H}{\partial \mathbf{A}}$$

$$= -\frac{1}{\mu_0}\mathrm{rot}\,\mathbf{B} - \mathbf{j}$$

ここでの正準化の手順では、A^0 を力学変数とせずにベクトルポテンシャル $\mathbf{A}$ だけを電磁場の力学変数としています。このことは、ゲージ変換の自由度を使って $A^0 = 0$ のゲージを選んでハミルトニアンを構成したと考えることができます。

　もともとゲージ変換は荷電粒子と相互作用する電磁場のラグランジアンに、作用積分において部分積分して 0 になる項を追加することになります。ここでのハミルトニアンの導出においても、同様の項を取り除いています。

● **備考**

$$c\mathbf{B}_x = -F_{23},\ c\mathbf{B}_y = -F_{31},\ c\mathbf{B}_z = -F_{12}$$

$$\mathbf{E}_x = F_{01},\ \mathbf{E}_y = F_{02},\ \mathbf{E}_z = F_{03}$$

$$F_{\mu\nu} = -F_{\nu\mu}$$

$$\mathbf{u}_i \frac{\partial \mathbf{A}_i}{\partial z_x} = \mathbf{u}_x \frac{\partial \mathbf{A}_x}{\partial z_x} + \mathbf{u}_y \frac{\partial \mathbf{A}_y}{\partial z_x} + \mathbf{u}_z \frac{\partial \mathbf{A}_z}{\partial z_x}$$

$$= \mathbf{u}_x \frac{\partial \mathbf{A}_x}{\partial z_x} + \mathbf{u}_y \frac{\partial \mathbf{A}_x}{\partial z_y} + \mathbf{u}_z \frac{\partial \mathbf{A}_x}{\partial z_z}$$

$$+ \mathbf{u}_y \left(\frac{\partial \mathbf{A}_y}{\partial z_x} - \frac{\partial \mathbf{A}_x}{\partial z_y} \right) + \mathbf{u}_z \left(\frac{\partial \mathbf{A}_z}{\partial z_x} - \frac{\partial \mathbf{A}_x}{\partial z_z} \right)$$

$$= \frac{d\mathbf{A}_x}{dt} - \mathbf{u} \times \mathbf{B}$$

13.3　ラグランジアンとゲージ条件

変分原理の中でゲージ条件を取り扱う方法を見てみましょう。

その前準備として、ラグランジュの未定乗数法について解説します。

13.3.1　ラグランジュの未定乗数法

変分問題では、作用積分 $\mathcal{S}$ の極値を与える運動をオイラー方程式を解いて求めます。力学変数の間に関係（束縛条件）がある場合には、この束縛条件を考慮して変分をとったオイラー方程式を求める必要があります。**ラグランジュの未定乗数法**では、新たな変数 λ を導入し、もともとの作用にこの新たな変数と束縛条件の積を加えたものを新たな作用と考えて、力学変数および λ についての変分がゼロになる解を求めます。

具体的な例でこの方法を解説してみましょう。

未定乗数法の例題

「三つの変数 x, y, z の関数 $\mathcal{S} = \frac{1}{2w_1}(x-a)^2 + \frac{1}{2w_2}(y-b)^2 + \frac{1}{2w_3}(z-c)^2$ を束縛条件 $x + y + z = K$ の下で最大とする x, y, z の値を求めよ」という問題を考えてみましょう。

この場合には、束縛条件は簡単に解けて（$z = K - x - y$）、問題は、

$$\mathcal{S}' = \frac{1}{2w_1}(x-a)^2 + \frac{1}{2w_2}(y-b)^2 + \frac{1}{2w_3}(K-x-y-c)^2 \qquad (13.4)$$

を最大にする x, y を求めればよいことになります。この解 (x, y) に対して、z は束縛条件から $z = K - x - y$ で与えられます。解くべき方程式は、式 (13.4) の変分をとって、

130 ● 第13章 ● 電磁場と変分原理

$$
\begin{cases}
\dfrac{(x-a)}{w_1} - \dfrac{(K-x-y-c)}{w_3} = 0 \\[2ex]
\dfrac{(y-b)}{w_2} - \dfrac{(K-x-y-c)}{w_3} = 0
\end{cases}
\tag{13.5}
$$

です。x, y について解くと、

$$
\begin{cases}
x = \dfrac{a\,(w_2+w_3) + w_1\,(K-b-c)}{w_1+w_2+w_3} \\[2ex]
y = \dfrac{b\,(w_3+w_1) + w_2\,(K-a-c)}{w_1+w_2+w_3}
\end{cases}
\tag{13.6}
$$

と求められます。これを束縛条件に代入することで、

$$
z = \dfrac{c\,(w_1+w_2) + w_3\,(K-a-b)}{w_1+w_2+w_3}
\tag{13.7}
$$

と z も求められました。

● **ヒント：** SageMath を使って、連立方程式の解を確認してみましょう。

```
%display latex
var('x y z a b c w1 w2 w3 K')
sols=solve([ (x - a)/w1 - (K - x - y - c)/w3 == 0,
             (y - b)/w2 - (K - x - y - c)/w3 == 0,
             z == K - x - y], x, y, z)
for sol in sols[0]:
  show(sol.simplify_full())
```

$$
x = \frac{(K-b-c)w_1 + aw_2 + aw_3}{w_1+w_2+w_3}
$$
$$
y = \frac{bw_1 + (K-a-c)w_2 + bw_3}{w_1+w_2+w_3}
$$
$$
z = \frac{cw_1 + cw_2 + (K-a-b)w_3}{w_1+w_2+w_3}
$$

次に未定乗数法を用いた解法を示します。未定乗数を λ として、最大化する量を、

13.3 • ラグランジアンとゲージ条件 131

$$\tilde{\mathcal{S}} = \frac{1}{2w_1}\left(x-a\right)^2 + \frac{1}{2w_2}\left(y-b\right)^2 + \frac{1}{2w_3}\left(z-c\right)^2 + \lambda\left(x+y+z-K\right)$$

(13.8)

としましょう。この量の x, y, z, λ についての変分をとることで、方程式

$$\begin{cases} \dfrac{(x-a)}{w_1} + \lambda & = 0 \\[2mm] \dfrac{(y-b)}{w_2} + \lambda & = 0 \\[2mm] \dfrac{(z-c)}{w_3} + \lambda & = 0 \\[2mm] x+y+z = K \end{cases}$$

(13.9)

が導かれます。これらの方程式のはじめの3本の式をそれぞれ w_i $(i = 1..3)$ を掛けたのちに和をとり、第4の式を代入することで、直ちに

$$\lambda = \frac{-K+a+b+c}{w_1+w_2+w_3}$$

(13.10)

が導かれます。これを式 (13.8) の3本の式に代入すると、先ほどと同じく

$$\begin{cases} x = \dfrac{a\left(w_2+w_3\right)+w_1\left(K-b-c\right)}{w_1+w_2+w_3} \\[3mm] y = \dfrac{b\left(w_3+w_2\right)+w_2\left(K-a-c\right)}{w_1+w_2+w_3} \\[3mm] z = \dfrac{c\left(w_1+w_2\right)+w_3\left(K-a-b\right)}{w_1+w_2+w_3} \end{cases}$$

(13.11)

が $\tilde{\mathcal{S}}$ の最大値を与える解として求まりました。

このように、未定乗数法を導入することで、束縛条件のある場合にも見通しよく解を求めることができます。

• **ヒント：** SageMath を使って、連立方程式の解を確認してみましょう。

```
%display latex
var('K a b c w1 w2 w3 x y z'); var('l',latex_name="\\lambda")
sols=solve([ (x - a)/w1 + l == 0,
    (y - b)/w2 + l == 0,
```

```
    (z - c)/w3 + l == 0,
     x + y + z == K], x, y, z,l)
 for sol in sols[0]:
     show(sol.simplify_full())
```

$$x = \frac{(K - b - c)w_1 + aw_2 + aw_3}{w_1 + w_2 + w_3}$$

$$y = \frac{bw_1 + (K - a - c)w_2 + bw_3}{w_1 + w_2 + w_3}$$

$$z = \frac{cw_1 + cw_2 + (K - a - b)w_3}{w_1 + w_2 + w_3}$$

$$\lambda = -\frac{K - a - b - c}{w_1 + w_2 + w_3}$$

13.3.2 電磁場のラグランジアンと未定乗数法

ローレンツゲージ $\partial_\mu A^\mu = 0$ での電磁場のラグランジアンを未定乗数法を使って、形式化することを考えてみましょう。

まず、ローレンツゲージ条件を採用する電磁場のラグランジアンとして次のものを考えます。

$$\mathcal{L} = -\frac{\varepsilon_0}{4} F_{\mu\nu} F^{\mu\nu} + j_\mu A^\mu + \lambda \left(\partial_\mu A^\mu \right) \tag{13.12}$$

4元ベクトルポテンシャル A^μ およびラグランジュの未定乗数 λ についてのオイラー方程式：

$$\partial^\mu \frac{\delta \mathcal{L}}{\delta \partial^\mu A^\nu} - \frac{\delta \mathcal{L}}{\delta A^\nu} = 0$$

$$および$$

$$\frac{\delta \mathcal{L}}{\delta \lambda} = 0$$

は、

$$\partial^\mu \left(-\varepsilon_0 F_{\mu\nu} + \lambda \eta_{\mu\nu} \right) - j_\nu = 0$$

$$および$$

$$\partial_\mu A^\mu = 0$$

になります。第1式に第2式のゲージ条件を代入することで、運動方程式および ゲージ条件は、

$$\Box A^\mu + \partial^\mu \lambda - j^\mu = 0$$
$$\partial_\mu A^\mu = 0$$

となります。第1式の4次元の発散をとると、全電荷の保存則から、λ は

$$\Box \lambda = 0$$

を満たします。考えている領域の外では $\lambda = 0$ としてよいので、

$$\lambda = 0$$

が導かれます。

結局ローレンツゲージでの運動方程式は、

$$\begin{cases} \Box A^\mu = j^\mu \\ \partial_\mu A^\mu = 0 \end{cases}$$

となります。

13.4 ルジャンドル変換

ルジャンドル変換は以下に述べるように、関数 $f(x)$ を表現するのに、傾き p を持つ接線の集合として表現する方法と考えることができます。

いま、傾き p に対して、$p = f(x_0)$ を満たす $f(x)$ 上の点 x_0 が存在したとします。この時、この点を $x = x_0(p)$ と書くことにします[1][2]。これを使っ

※1 …… 現代数学では、関数 f のルジャンドル変換 f^* は、次のように定義されています。

$f(x)$ が凸関数の時、

$$f^*(p) = \max_x (px - f(x))$$

ここで、凸関数とは、ある区間で定義された実数値関数 f で、区間内の任意の 2 点 x, y と 開区間 $(0, 1)$ 内の任意の t に対して $f(tx + (1-t)y) \leq tf(x) + (1-t)f(y)$ を満たす関数 のことです。

※2 …… 凸関数でない場合は、定義域を凸関数の条件を満たす複数の区間に分けて議論する必要があ

て、$f(x)$ のルジャンドル変換 $f^*(p)$ を

$$f^*(p) = p\,x_0(p) - f\,(x_0(p))$$

と定義します。この変換によって、変数 x の関数 $f(x)$ から変数 p の関数 $f^*(p)$ が作り出されます[3]。

　ルジャンドル変換された関数 $f^*(p)$ を使うと、関数 $f(x)$ の傾き p を持つ接線 $y = t_p(x)$ は、

$$t_p(x) = f'(x_0)(x - x_0) + f(x_0) = p\,x - f^*(p)$$

と簡単に表されます。次の節（第13.4.1章）でみるように、元の関数 $f(x)$ が不明でも、そのルジャンドル変換 $f^*(p)$ がわかっていれば、接線の包絡線として、元の関数 $f(x)$ を再現することができます。ルジャンドル変換は等価な二つの関数を結びつけているわけです。

　ルジャンドル変換 $f^*(p)$ の微分を考えてみましょう。

$$\frac{df^*(p)}{dp} = x_0 + p\frac{dx_0}{dp} - f'(x_0)\frac{dx_0}{dp} = x_0$$

ですから、関数 $f(x)$ とそのルジャンドル変換 $f^*(p)$ は互いの導関数が相互に逆関数、$p = f'(x) = f'(f^{*'}(p))$、となっています。また、$f^*(p)$ のルジャンドル変換は元の関数 $f(x)$ に戻るということもわかります。

$$p = \frac{df(x)}{dx}, f^*(p) = p\,x - f(x)$$
$$x = \frac{df^*(p)}{dp}, f(x) = p\,x - f^*(p)$$

13.4.1　ルジャンドル変換と接線の包絡線の関係

　ここでは、ルジャンドル変換とそれによって作られる接線とその包絡線の関係を具体的にみていきましょう。

　まず、ルジャンドル変換を考えるベースの関数として2次関数

　　ります。

[3] …… これはハミルトン形式において、$L(q,\dot{q})$ から $p = \frac{\partial L}{\partial \dot{q}}$ で新たな変数 p を定義し、$L(q,\dot{q})$ のルジャンドル変換としてハミルトニアン $H(q,p) = p\dot{q}(q,p) - L(q,\dot{q}(q,p))$ を定義したことと対応しています。

13.4 ・ ルジャンドル変換

$$f(x) = \frac{x^2}{2} + 1 \tag{13.13}$$

を考えてみます。接線の傾きが p となる点の座標を x_0 とすると、

$$p = f'(x_0) = x_0$$

です。これから、$f(x)$ のルジャンドル変換 $f^*(p)$ は

$$
\begin{aligned}
f^*(p) &= p\,x_0 - f(x_0(p)) \\
&= \frac{p^2}{2} - 1
\end{aligned}
\tag{13.14}
$$

となります。傾きが p となる、関数 $f(x)$ の接線の式は、

$$t(x, p) = p(x - x_0) + f(x_0) = p\,x - \frac{p^2}{2} + 1 = p\,x - f^*(p) \tag{13.15}$$

となります。

式 (13.15) の接線を様々な p に対して描いてみます（図 13.1）。図から、接線の包絡線として元の関数（式 (13.13)）が表現されていることがわかります。

● **注釈：** SageMath を使って、p をパラメータとした接線を描画します。

```
import scipy
var('x p x0')
f(x)=(x**2/2 + 1) # 基となる関数
sol=solve(p==diff(f(x0),x0), x0)[0] # 傾きがpとなる点の座標x_0を求める。
Lf(p)=( p*x0 -f(x0)).subs(sol) # ルジャンドル関数 f^*(p) を定義
tl=lambda p:lambda x:p*x-Lf(p) # 傾きpとなるf(x)の接線を表す関数を返す汎
函数を定義
def draw_fig(): #
  cg=(c for c in sorted(colors))
  a=scipy.arange(-1,1.1,0.1)
  F=[(x,f(x)) for x in a] # f(x)
  G=([(x,tl(p)(x)) for x in p+scipy.arange(-0.3,0.5,0.1)]
      for p in scipy.arange(-0.8,0.8,0.1)) # 複数の傾きの接線
  return (list_plot(F,True,color="black", thickness=2)
      +sum([list_plot(g,True,color=next(cg),linestyle="--") for g ⌋
```

```
↪in G]))
g=draw_fig()
g.save("./_images/LegendreTrasformFig1.png")
```

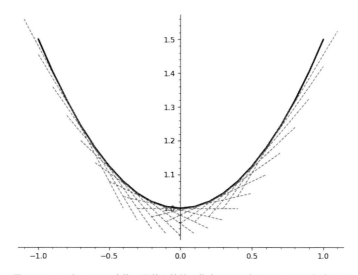

図 13.1 ルジャンドル変換は関数を接線の集合として表現することに相当しています。$f^*(p)$ の包絡線として、$f(x)$ が表現されていることがわかります。

第14章

運動する点電荷の作る電磁場： リエナール–ウィーヘルトポテンシャル

4次元空間中の運動する点電荷の作る電磁場を、**リエナール–ウィーヘルトポテンシャル**と呼ばれる4元ベクトルポテンシャルで記述することができます。

この章では、第14.1節で導入するグリーン関数を用いて、このリエナール–ウィーヘルトポテンシャルを導きます。次に、このリエナール–ウィーヘルトポテンシャルの物理的な意味について説明します。

14.1 グリーン関数

この節では、線形な偏微分方程式の解法でよく使われるグリーン関数を説明します。

マクスウェル方程式：

$$\begin{aligned} F^{\mu\nu} &\equiv \partial^\mu A^\nu - \partial^\nu A^\mu \\ \partial_\mu F^{\mu\nu} &= j^\nu \end{aligned} \tag{14.1}$$

において、ローレンツゲージ $\partial_\mu A^\mu = 0$ を使うと、解くべき方程式は、

$$\Box A^\mu = j^\mu \tag{14.2}$$

でした。ここでダランベール演算子 $\Box \equiv \partial_\mu \partial^\mu$ を使いました。

この方程式の解の積分形を

$$A^\mu = \int d^4x' D(x-x') j^\nu(x') \tag{14.3}$$

と書いてみます。$D(x)$ が

$$\Box D(x) = \partial_\mu \partial^\mu D(x) \quad = \delta^4(x) \tag{14.4}$$

138 ● 第 14 章 ● 運動する点電荷の作る電磁場：リエナール－ウィーヘルトポテンシャル

の解であれば、式 (14.3) の積分は、マクスウェル方程式（式 (14.2)）の解となっています。

この $D(x)$ はマクスウェル方程式の**グリーン関数**と呼ばれます。

方程式 (14.4) の解は $\Box\Lambda(x) = 0$ の解を加えても解であることから、グリーン関数はその境界条件に従っていくつかの型に分類されます。

$s^2 = x_\mu x^\mu > 0$ かつ $t > 0 (t < 0)$ で $D(x) \neq 0$ の条件を満たすグリーン関数を遅延（先進）グリーン関数と呼びます。

フーリエ変換を使うとグリーン関数は、

$$
\begin{aligned}
D(x) &= \int \frac{d^4k}{(2\pi)^4} \frac{1}{-k_\mu k^\mu} e^{-ik_\mu x^\mu} \\
&= \int \frac{d\omega d^3\mathbf{k}}{(2\pi)^4} \frac{1}{-\omega^2/c^2 + \mathbf{k}^2} e^{-i(\omega t - \mathbf{k}\cdot\mathbf{x})}
\end{aligned}
\tag{14.5}
$$

と書くことができます。このグリーン関数の核（kernel）は極（pole）を持ちますから、ω についての積分を行う際にこの極をどう取り扱うかによって、遅延（ret）／先進（adv）グリーン関数の違いが現れます（図 14.1 および図 14.2）。遅延グリーン関数では、極の位置が複素 ω 面で、実軸より下にありますから、$t < 0$ の場合には積分路を上半面を囲む閉経路 (C_+) とすることで、

$$
\begin{aligned}
D_{ret}(x) &= \int \frac{d\omega d^3\mathbf{k}}{(2\pi)^4} \frac{1}{-\omega^2/c^2 + \mathbf{k}^2} e^{-i(\omega t - \mathbf{k}\cdot\mathbf{x})} \\
&= \oint_{C_+} d\omega \int \frac{d^3\mathbf{k}}{(2\pi)^4} \frac{1}{-\omega^2/c^2 + \mathbf{k}^2} e^{-i(\omega t - \mathbf{k}\cdot\mathbf{x})} \\
&= 0. \quad (t < 0 \text{ の場合})
\end{aligned}
\tag{14.6}
$$

となることがわかります。

場の量子論などでは、次の式で定義されるファインマンのグリーン関数 $(D(x)_F)$：

$$
\begin{aligned}
D(x)_{ret/adv} &= \int \frac{d\omega d^3\mathbf{k}}{(2\pi)^4} \frac{1}{-(\omega \pm i\epsilon)^2/c^2 + \mathbf{k}^2} e^{-i(\omega t - \mathbf{k}\cdot\mathbf{x})} \\
D(x)_F &= \int \frac{d\omega d^3\mathbf{k}}{(2\pi)^4} \frac{1}{-\omega^2/c^2 + \mathbf{k}^2 - i\epsilon} e^{-i(\omega t - \mathbf{k}\cdot\mathbf{x})}
\end{aligned}
\tag{14.7}
$$

がよく使われます（図 14.3）。

14.1 グリーン関数

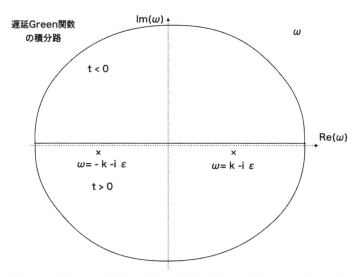

図 14.1 遅延グリーン関数を定義する積分路の取り方（図中の × はグリーン関数の極（ポール）の位置を示しています）。

これらの積分表示の積分路は次のようなものになります。

遅延／先進グリーン関数の積分を実行すると、

$$
\begin{aligned}
&D_{ret/adv}(x) \\
&= \frac{1}{(2\pi)^4} \int d^4k \frac{1}{-k_\mu k^\mu} e^{-ik_m u x^\mu} \\
&= \frac{1}{(2\pi)^4} \int d\omega d^3k \frac{1}{-\omega^2 + k^2} e^{-i(\omega x^0 - kr\cos\theta)} \quad (\text{ここで } r \equiv |\mathbf{x}| \text{ とします}) \\
&= \frac{1}{(2\pi)^3} \int_{-\infty}^{\infty} d\omega \int_0^\infty k^2 dk \frac{1}{-\omega^2 + k^2} \frac{1}{ikr} \left[e^{-i(\omega x^0 - kr)} - e^{-i(\omega x^0 + kr)} \right] \\
&= \frac{1}{(2\pi)^3} \int_{-\infty}^{\infty} d\omega \int_{-\infty}^{\infty} k^2 dk \frac{1}{-\omega^2 + k^2} \frac{1}{ikr} e^{-i(\omega x^0 - kr)} \\
&= \frac{1}{(2\pi)^3} \int_{-\infty}^{\infty} d\omega \int_{-\infty}^{\infty} k^2 dk \frac{1}{ikr} \frac{-1}{2k} \left[\frac{1}{\omega - k \pm i\epsilon} - \frac{1}{\omega + k \pm i\epsilon} \right] e^{-i(\omega x^0 - kr)} \\
&= \frac{1}{(2\pi)^3} \int_{-\infty}^{\infty} k^2 dk \frac{1}{ikr} \frac{-1}{2k} (\mp 2\pi i) \left[e^{-i(kx^0 - kr)} - e^{-i(-kx^0 - kr)} \right] \theta(\pm x_0) \\
&= \frac{1}{4\pi} \frac{1}{r} \theta(\pm x_0) \delta(r \mp x_0), \tag{14.8}
\end{aligned}
$$

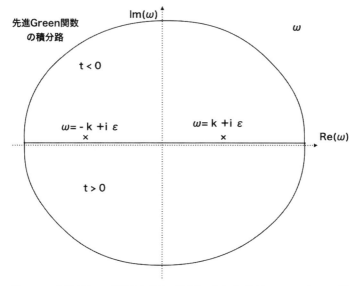

図 14.2 先進グリーン関数を定義する積分路の取り方（図中の × はグリーン関数の極（ポール）の位置を示しています）。

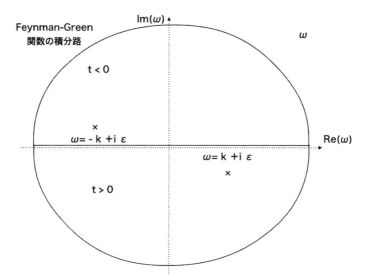

図 14.3 ファインマンのグリーン関数を定義する積分路（図中の × はグリーン関数の極（ポール）の位置を示しています）。

14.1 ● グリーン関数　　　　　　　　　　　　　　　141

となりました。ここで ω の積分時に、遅延／先進ポテンシャルの条件 $\omega = \pm k - i\epsilon / \omega = \pm k + i\epsilon$ を使っています。

● **ヒント：** D_0 **関数についてのメモ**

$$D_0(x) \equiv D_{ret}(x) - D_{adv}(x) \tag{14.9}$$

で定義される関数 $D_0(x)$ は、

$$\Box D_0(x) = 0$$

の解の一つで、境界条件：

$$D_0(x)|_{x_0=0} = 0$$
$$\frac{\partial D_0(x)}{\partial x_0}\Big|_{x_0=0} = \frac{1}{(2\pi)^4} \int d^3k \frac{2\pi}{2} \left[e^{-i(kx^0 - kr\cos\theta)} + e^{-i(-kx^0 - kr\cos\theta)} \right] |_{x_0=0}$$
$$= \frac{1}{(2\pi)^3} \int d^3k e^{i(kr\cos\theta)}$$
$$= \delta^3(x) \tag{14.10}$$

を満たしています。これは、$D_0(x)$ の具体的な形：

$$D_0(x)$$
$$= \frac{1}{(2\pi)^4} \int d\omega d^3k \left[\frac{1}{-(\omega+i\epsilon)^2 + k^2} - \frac{1}{-(\omega-i\epsilon)^2 + k^2} \right] e^{-i(\omega x^0 - kr\cos\theta)}$$
$$= \frac{1}{(2\pi)^4} \int d\omega d^3k \frac{2\pi i}{2k} \left[\delta(k-\omega) - \delta(k+\omega) \right] e^{-i(\omega x^0 - kr\cos\theta)}$$
$$= \frac{1}{(2\pi)^4} \int d^3k \frac{2\pi i}{2k} \left[e^{-i(kx^0 - kr\cos\theta)} - e^{-i(-kx^0 - kr\cos\theta)} \right] \tag{14.11}$$

から確認できます〔砂川 [7] 第 8 章 (2.36) 式〕。

　この遅延／先進グリーン関数を使って、マクスウェル方程式の解は：

$$A^\mu(x) = \int d^4x' D_{ret/adv}(x-x') j^\mu(x') \tag{14.12}$$

と書き表されます。また、式 (14.8) を使うと、

$$A^\mu(\mathbf{r}, t) = \int d^3\mathbf{r}' \frac{1}{4\pi} \frac{1}{|\mathbf{r} - \mathbf{r}'|} j^\mu(\mathbf{r}', t')$$

$$\text{ここで } t' = t \mp |\mathbf{r} - \mathbf{r}'|$$

$$(14.13)$$

と書き表すことができます。

14.2　ゲージ条件の確認

砂川 [7] に従って、前節のグリーン関数を用いた解がゲージ条件を満たしていることを確認します。

$$
\begin{aligned}
A^\mu &= \int d^4x' D(x - x') j^\mu(x') \\
&= \int d^4x' \frac{1}{4\pi} \frac{1}{|\mathbf{x} - \mathbf{x}'|} \delta(|\mathbf{x} - \mathbf{x}'| \mp (x_0 - x_0')) j^\mu(x') \\
&= \int d^3\mathbf{x}' \frac{1}{4\pi} \frac{1}{|\mathbf{x} - \mathbf{x}'|} j^\mu(\mathbf{x}', x_0 \mp |\mathbf{x} - \mathbf{x}'|)
\end{aligned}
$$

$$(14.14)$$

まず時間微分に関する項を考えると、

$$\partial_0 A^0 = \int d^3\mathbf{x}' \frac{1}{4\pi} \frac{1}{|\mathbf{x} - \mathbf{x}'|} \partial_0 j^0(\mathbf{x}', x_0 \mp |\mathbf{x} - \mathbf{x}'|) \qquad (14.15)$$

です。さらに、空間成分を考えると、

$$
\begin{aligned}
\partial_k A^k(x) &= \int d^3\mathbf{x}' \frac{1}{4\pi} \partial_k \left[\frac{1}{|\mathbf{x} - \mathbf{x}'|} j^k(\mathbf{x}', x_0 \mp |\mathbf{x} - \mathbf{x}'|) \right] \\
&= \int d^3\mathbf{x}' \frac{1}{4\pi} \left[\partial_k \left(\frac{1}{|\mathbf{x} - \mathbf{x}'|} \right) j^k(\mathbf{x}', x_0 \mp |\mathbf{x} - \mathbf{x}'|) \right. \\
&\qquad \left. \mp \partial_k (|\mathbf{x} - \mathbf{x}'|) \frac{1}{|\mathbf{x} - \mathbf{x}'|} \partial_0 j^k(\mathbf{x}', x_0 \mp |\mathbf{x} - \mathbf{x}'|) \right] \\
&= -\int d^3\mathbf{x}' \frac{1}{4\pi} \left[\partial_k' \left(\frac{1}{|\mathbf{x} - \mathbf{x}'|} \right) j^k(\mathbf{x}', x_0 \mp |\mathbf{x} - \mathbf{x}'|) \right. \\
&\qquad \left. \mp \partial_k' (|\mathbf{x} - \mathbf{x}'|) \frac{1}{|\mathbf{x} - \mathbf{x}'|} \partial_0 j^k(\mathbf{x}', x_0 \mp |\mathbf{x} - \mathbf{x}'|) \right]
\end{aligned}
$$

$$
= -\int d^3\mathbf{x}' \frac{1}{4\pi} \left[\partial'_k \left(\frac{1}{|\mathbf{x} - \mathbf{x}'|} j^k(\mathbf{x}', x_0 \mp |\mathbf{x} - \mathbf{x}'|) \right) \right.
$$
$$
\left. - \frac{1}{|\mathbf{x} - \mathbf{x}'|} \partial'_k j^k(\mathbf{x}', x_0 \mp |\mathbf{x} - \mathbf{x}'|) \right]
$$
$$
= \int d^3\mathbf{x}' \frac{1}{4\pi} \left[\frac{1}{|\mathbf{x} - \mathbf{x}'|} \partial'_k j^k(\mathbf{x}', x_0 \mp |\mathbf{x} - \mathbf{x}'|) \right] \tag{14.16}
$$

となります。なお、最後の積分では、無限遠での表面積分は 0 となることを用いました。

これから、

$$
\partial_\mu A^\mu(x) = \int d^3\mathbf{x}' \frac{1}{4\pi} \frac{1}{|\mathbf{x} - \mathbf{x}'|} \left[\partial_0 j^0(\mathbf{x}', x_0 \mp |\mathbf{x} - \mathbf{x}'|) + \partial'_k j^k(\mathbf{x}', x_0 \mp |\mathbf{x} - \mathbf{x}'|) \right]
$$
$$
= 0 \quad (ここで、電荷の保存則 \partial_\mu j^\mu = 0 を用いました。)
$$
$$
\tag{14.17}
$$

とローレンツゲージの条件 $[\partial_\mu A^\mu(x) = 0]$ を満たしていることが確認できました。

14.3　グリーン関数を用いたリエナール–ウィーヘルトポテンシャルの導出

前節のグリーン関数を用いた電磁場の解から、リエナール–ウィーヘルトポテンシャルが導出されることを確かめましょう。

前節の結果より、4 次元の電荷／電流密度 $j^\mu(x)$ によって作られる電磁場は、次の 4 元ベクトルポテンシャルで記述されます。

$$
A^\mu = \int d^4x' \frac{1}{4\pi} \frac{1}{|\mathbf{x} - \mathbf{x}'|} \delta(|\mathbf{x} - \mathbf{x}'| \mp (x_0 - x'_0)) j^\mu(x') \tag{14.18}
$$

点電荷の軌道は $x^\mu = z^\mu(\tau)$ で与えられるとしましょう。点電荷の作る 4 元電流密度は $j^\mu(x) = e u^\mu(t) \delta^3(\mathbf{x} - \mathbf{z}(x_0))$ となるので、これを式 (14.18) に代入してみます。なお、$u^\mu \equiv \frac{dz^\mu}{dx_0}$ としています。

144 ● 第 14 章 ● 運動する点電荷の作る電磁場：リエナール-ウィーヘルトポテンシャル

$$A^\mu = \int d^4x' \frac{1}{4\pi} \frac{1}{|\mathbf{x} - \mathbf{x}'|} \delta(|\mathbf{x} - \mathbf{x}'| \mp (x_0 - x_0')) e u^\mu(x') \delta^3(\mathbf{x}' - \mathbf{z}(\mathbf{x_0'}))$$

$$= \int dx_0' \frac{1}{4\pi} \frac{1}{|\mathbf{x} - \mathbf{z}(x_0')|} \delta(|\mathbf{x} - \mathbf{z}(x_0')| \mp (x_0 - x_0')) e u^\mu(x_0')$$

$$\tag{14.19}$$

ここで、デルタ関数の公式、

$$\int F(x)\delta(f(x))dx = \frac{1}{\frac{df(x)}{dx}\big|_{x=x_0}} F(x_0) \qquad \text{ここで } f(x_0) = 0 \tag{14.20}$$

および、

$$|\mathbf{x} - \mathbf{z}(x_0')|^2 = (\mathbf{x} - \mathbf{z}(x_0')) \cdot (\mathbf{x} - \mathbf{z}(x_0'))$$

$$|\mathbf{x} - \mathbf{z}(x_0')|\frac{d|\mathbf{x} - \mathbf{z}(x_0')|}{dx_0'} = -(\mathbf{x} - \mathbf{z}(x_0')) \cdot \frac{d\mathbf{z}(x_0')}{dx'0} \tag{14.21}$$

に注意すると、式 (14.19) は次の式にまとめられます。

$$A^\mu(x) = \int dx_0' \frac{1}{4\pi} \frac{1}{|\mathbf{x} - \mathbf{z}(x_0')|} \delta(|\mathbf{x} - \mathbf{z}(x_0')| \mp (x_0 - x_0')) e u^\mu(x_0')$$

$$= \frac{1}{4\pi} \frac{1}{|\mathbf{x} - \mathbf{z}(x_0')|} \frac{1}{\frac{d|\mathbf{x}-\mathbf{z}(x_0')|}{dx_0'} \pm 1} e u^\mu(x_0')$$

$$= \frac{1}{4\pi} \frac{1}{-(\mathbf{x} - \mathbf{z}(x_0')) \cdot \frac{d\mathbf{z}(x_0')}{dx_0'} \pm |\mathbf{x} - \mathbf{z}(x_0')|} e u^\mu(x_0') \tag{14.22}$$

ここで、x_0' は荷電粒子の軌道 $z(x_0)$ に対して、

$$x_0' = x_0 \mp |\mathbf{x} - \mathbf{z}(x_0')| \tag{14.23}$$

の解として与えられます。ここで、遅延ポテンシャルの解を取れば、結局点電荷 $z^\mu(\tau)$ の運動によって作られる電磁場の 4 元ベクトルポテンシャル A_μ は、

$$A^\mu(x) = \frac{1}{4\pi} \frac{1}{|\mathbf{x} - \mathbf{z}(x_0')| - (\mathbf{x} - \mathbf{z}(x_0')) \cdot \frac{d\mathbf{z}(x_0')}{dx_0'}} e u^\mu(x_0') \tag{14.24}$$

で与えられます。この表式を**リエナール-ウィーヘルトポテンシャル**と呼びます。

ここで、x_0' は $x_0' = x_0 - |\mathbf{x} - \mathbf{z}(x_0')|$ の解であることを改めて注意しておき

ます。これは、時刻 x_0' にあった点電荷の影響が光速度で伝わることに対応しています。

14.4　リエナール–ウィーヘルトポテンシャルの物理的意味

前節で導いたように、運動する点電荷によって生じる電磁ポテンシャルであるリエナール–ウィーヘルトポテンシャルは、次の式で与えられます。

$$
\begin{aligned}
\phi(\mathbf{x}, t) &= \frac{e}{4\pi\varepsilon_0} \frac{1}{|\mathbf{x} - \mathbf{r}(t_0')| - \frac{1}{c}\dot{\mathbf{r}}(t_0') \cdot (\mathbf{x} - \mathbf{r}(t_0'))} \\
\mathbf{A}(\mathbf{x}, t) &= \frac{\mu_0 e}{4\pi} \frac{\dot{\mathbf{r}}(t_0')}{|\mathbf{x} - \mathbf{r}(t_0')| - \frac{1}{c}\dot{\mathbf{r}}(t_0') \cdot (\mathbf{x} - \mathbf{r}(t_0'))}
\end{aligned}
\tag{14.25}
$$

ただし、$r(t)$ は時刻 t における点電荷の位置です。t_0' は

$$
t_0' = t - \frac{|\mathbf{x} - \mathbf{r}(t_0')|}{c}
\tag{14.26}
$$

の解として与えられる発信時刻です。すなわち、$\mathbf{r}(t_0')$ は時刻 t に点 $\mathbf{x}$ に到達する電磁波を放射した時の点電荷の位置を示しています。

14.5　一様速度で動く点電荷の作るポテンシャル

リエナール–ウィーヘルトポテンシャルの具体的な意味を理解するために、リエナール–ウィーヘルトポテンシャルの特別な場合として、一様な速度で動く点電荷の作る電磁場を考えてみます。

一様な速度で動く点電荷の作る電磁場は、点電荷の静止系の電磁場をローレンツ変換で変換することで計算することができますので、これを確認するのがこの節の目的です。

いま点電荷 e は x 軸に沿って一定の速度で運動しているとします。点電荷が原点にある時に作られた（$\mathbf{r}(t_0') = \mathbf{0}$）電磁場によって点 $\mathbf{x}$ にできる電磁場を考えます。電磁場が光速で伝わることから、この電場ができる時刻 t は

$$\frac{x^0}{c} = t = \frac{|\mathbf{x}|}{c} \tag{14.27}$$

です。この時点での電荷の静止系 K' での4元ベクトルポテンシャル A'_μ は、

$$A'^k = 0 \quad \text{for } (k = x, y, z)$$
$$A'^0 = c\phi' = \frac{e}{4\pi\varepsilon_0} \frac{1}{r'_0} \tag{14.28}$$

ただし、r'_0 は電荷の静止系 K' での点電荷と電磁場の観測点 $\mathbf{x}'$ の距離です。

$$r'_0 = |\mathbf{x}'| = \sqrt{x'^2 + y'^2 + z'^2} = \sqrt{\gamma^2(x - vt) + y^2 + z^2} \tag{14.29}$$

ここで $\gamma = \frac{1}{\sqrt{1-v^2/c^2}}$ を使いました。

電荷の静止系での4元ベクトルポテンシャル（式 (14.29)）を、ローレンツ変換によって観測系 K の4元ポテンシャルに書き直します。

$$A^0 = \gamma \left(A'^0 + vA'^1 \right) = \frac{e}{4\pi\varepsilon_0} \frac{\gamma}{r'_0}$$
$$A^1 = \gamma \left(A'^1 + vA'^0 \right) = \frac{e}{4\pi\varepsilon_0} \frac{\gamma v}{r'_0}$$
$$A^2 = A'^2 = 0$$
$$A^3 = A'^3 = 0 \tag{14.30}$$

となります。

ここで、

$$\mathbf{r} \cdot \mathbf{v} = xv \tag{14.31}$$

を使い、また

$$\begin{aligned}
r'^2_0/\gamma^2 &= (1 - v^2/c^2)(x'^2 + y'^2 + z'^2) \\
&= (1 - v^2/c^2) \left(\frac{(x - vt)^2}{1 - v^2/c^2} + y^2 + z^2 \right) \\
&= (x - vt)^2 + (1 - v^2/c^2)(y^2 + z^2) \\
&= r^2 - 2xv\frac{r}{c} + \frac{v^2}{c^2}(r^2 - y^2 - z^2)
\end{aligned}$$

$$= r^2 - 2\frac{\mathbf{r} \cdot \mathbf{v}}{c}r + \frac{\mathbf{r} \cdot \mathbf{v}^2}{c^2}$$
$$= \left(r - \frac{\mathbf{r} \cdot \mathbf{v}}{c}\right)^2 \tag{14.32}$$

に注意して式 (14.30) を整理してみます。その結果は、

$$A^0 = \frac{e}{4\pi\varepsilon_0}\frac{1}{r - \frac{\mathbf{r} \cdot \mathbf{v}}{c}}$$
$$A^1 = \frac{e}{4\pi\varepsilon_0}\frac{v}{r - \frac{\mathbf{r} \cdot \mathbf{v}}{c}} \tag{14.33}$$

となり、一定速度で運動する電荷によって作られる電磁場の 4 元ベクトルポテンシャルが求められました。

この結果は、式 (14.25) に直接 $\mathbf{r}(t_0') = \mathbf{v}t_0'$ を代入することによっても確認することができます。

この時、t_0' は

$$t - t_0' = \frac{1}{c}\left|\mathbf{x} - \mathbf{r}(t_0')\right|$$
$$= \frac{1}{c}\sqrt{(x - vt_0')^2 + y^2 + z^2}$$

を満たします。これを変形すると、

$$(t - t_0')^2 = \frac{1}{c^2}\left[\{x - vt + v(t - t_0')\}^2 + y^2 + z^2\right]$$

となります。2 次方程式の根の公式を使い、$t - t_0'$ について解けば、

$$t - t_0' = \frac{1}{1 - \frac{v^2}{c^2}}\left\{\frac{v}{c^2}(x - vt) \pm \frac{1}{c}\sqrt{(x - vt)^2 + (1 - \frac{v^2}{c^2})(y^2 + z^2)}\right\}$$

となります。因果律を考慮 $(t - t_0' > 0)$ して、

$$t - t_0' = \frac{1}{1 - \frac{v^2}{c^2}}\left\{\frac{v}{c^2}(x - vt) + \frac{1}{c}\sqrt{(x - vt)^2 + (1 - \frac{v^2}{c^2})(y^2 + z^2)}\right\}$$

を採用します。この結果を使うと、結局式 (14.25) の分母に現れる要素は、

$$\left|\mathbf{x} - \mathbf{r}(t_0')\right| - \frac{1}{c}\dot{\mathbf{r}}(t_0') \cdot (\mathbf{x} - \mathbf{r}(t_0'))$$

$$= |\mathbf{x} - \mathbf{r}(t_0')| - \frac{v}{c}(x - vt_0')$$

$$= c(t - t_0') - \frac{v}{c}(x - vt) - \frac{v^2}{c}(t - t_0')$$

$$= (1 - \frac{v^2}{c^2})c(t - t_0') - \frac{v}{c}(x - vt)$$

$$= \sqrt{(x - vt)^2 + (1 - \frac{v^2}{c^2})(y^2 + z^2)}$$

$$= \left(r - \frac{\mathbf{r} \cdot \mathbf{v}}{c}\right)$$

となることがわかります。結局、リエナール-ウィーヘルトポテンシャルを用いて求めた電磁ポテンシャルは、運動する電荷の静止系での電磁ポテンシャルからローレンツ変換によって求めた電磁ポテンシャル（式 (14.33)）と一致することが確認できました。

$$\phi(\mathbf{x}, t = \frac{|\mathbf{x}|}{c}) = \frac{e}{4\pi\varepsilon_0} \frac{1}{\sqrt{(x - vt)^2 + (1 - \frac{v^2}{c^2})(y^2 + z^2)}} \quad = \frac{e}{4\pi\varepsilon_0} \frac{1}{\left(r - \frac{\mathbf{r} \cdot \mathbf{v}}{c}\right)}$$

$$\mathbf{A}(\mathbf{x}, t = \frac{|\mathbf{x}|}{c}) = \frac{\mu_0 e}{4\pi} \frac{v\mathbf{e}_x}{\sqrt{(x - vt)^2 + (1 - \frac{v^2}{c^2})(y^2 + z^2)}} \quad = \frac{\mu_0 e}{4\pi} \frac{v\mathbf{e}_x}{\left(r - \frac{\mathbf{r} \cdot \mathbf{v}}{c}\right)}$$

$$(14.34)$$

149

● 第 15 章 ●

特殊相対性理論の理解を深める

　特殊相対性理論については、「双子のパラドックス」など一見矛盾するような議論が知られています。この章では、二つのよく知られたパラドックスを取り上げて解説し、特殊相対性理論の理解を深めることを目的としています。

　特殊相対性理論では、座標系としては慣性系（お互いに定速度で移動する座標系）だけを取り扱いますが、加速度運動を取り扱うことができないわけではありません。一例として、2台の等加速度運動を行うロケットを取り上げてみます。

15.1　双子のパラドックス（ランジュバンの旅行者）

　双子のパラドックス[1]は特殊相対論の時間の遅れの効果でよく取り上げられる話題です[2]。この節では、この現象について詳しくみていきましょう。ここでの分析から、特殊相対性理論を正しく取り扱うことで、一般相対性理論に繋がる物理がすでに含まれていることに気づくことができます。

15.1.1　双子のパラドックスとは？

　双子のパラドックスは特殊相対論の時間の遅れの効果の一例としてよく知られています。

　双子のパラドックスとは、「双子の片方（弟）が地球に残り、もう一方（兄）

※1 ……　日本では、「ウラシマ効果」の方が通りがよいのかもしれません。

※2 ……　オンラインの論文 "Einstein's Clocks and Langevin's Twins" [15] によれば、アインシュタインは時計を移動させた場合の時間の遅れについて議論しています (1905)。ランジュバンはその説明を双子のパラドックスとして、（時計ではなく）人間を移動させた場合の時計の進みについて議論しました。そこから、双子のパラドックスは**ランジュバンの旅行者**とも呼ばれることがあります。

は光速に近い速度のロケットで旅行した後、地球に戻ってくるとする。相対性原理によって、お互いに運動している相手の時計は特殊相対性理論の効果で遅れていると観測されるはずである。特殊相対論による時計の遅れの効果と相対性原理は、どのように両立しているのか？」という問題です。

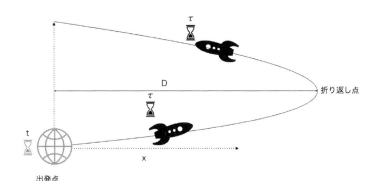

図 15.1 地球を離れて、距離 D まで飛行したのち再び地球に戻ってくるロケットを考えます。地球とロケットには同じタイプの時計を置きます。往復旅行が終わった時、二つの時計が指す時刻はどうなっているでしょう？

この問題はパラドックスと呼ばれてはいますが、特殊相対性理論を正しく考慮すればパラドックスではありません。ロケットの旅行者が進行方向を反転する（速度の向きを逆転する）ことから、この問題では加速度運動が避けられません。この加速度運動を正しく計算に取り入れる必要があります。そこを間違えると一見パラドックスに見えてしまうわけです。以下では、問題を特殊相対性理論の中で加速度運動を考えることでこの一見矛盾するように見えるこの問題が矛盾なく説明できることをみていきましょう[3]。

さて、この問題では二人の観測者を考えています。出発点に止まっている観測者（$\mathcal{O}_{\mathcal{E}}$）とロケットと共に旅行を続ける観測者（$\mathcal{O}_{\mathcal{R}}$）です。

$\mathcal{O}_{\mathcal{E}}$ と $\mathcal{O}_{\mathcal{R}}$ は時刻 $t = -T/2$ で同じ時空点にあり、$\mathcal{O}_{\mathcal{R}}$ は初速 $v = c\beta_0$ で

---

[3] 通常、「双子のパラドックス」ではロケットは出発時と折り返し点以外では一定の速度で運動するとすることが多いのですが、この場合には折り返し点で座標系の急速な（場合によっては瞬時の）移り変わりを考えることになります。ここでの取り扱いでは、一定加速度の減速を受けるという条件にすることによって、単純な計算だけで二つの時計の進みを求めることができ、より理解しやすいのではという希望を持っています。

移動をしているとします。その後 $\mathcal{O}_R$ は一定の加速度で減速され、$\mathcal{O}_\mathcal{E}$ でみた時刻、$T/2$ に速度 $-v$ でもとの地点に戻ってくるとします。一方、$\mathcal{O}_\mathcal{E}$ はその後も、同じ場所（空間点）に止まっているとします。

この問題設定は、通常言われる双子のパラドックス（行きも帰りも、一定の速さ）とは少し異なっていますが本質は同じです。

この状況でのそれぞれの観測者からみたお互いの時計の進みぐあいを、相対論的な運動方程式の解に基づいて計算します。これによって、二人の観測者がそれぞれ持っていた時計の進みの関係がわかります。

15.1.2 特殊相対性理論での定加速度運動

ミンコフスキー空間の中で、次のような質点の運動を考えてみます[4]。

$$X(t) = \frac{c^2}{\alpha}\left(1 - \sqrt{1 + \frac{\alpha^2 t^2}{c^2}}\right) = \frac{c^2}{\alpha}\left(1 - \sqrt{1 + \frac{(\alpha c t)^2}{c^4}}\right) \tag{15.1}$$

この質点の運動が双曲線 $\left(X - \frac{c^2}{\alpha}\right)^2 - c^2 t^2 = \frac{c^4}{\alpha^2}$ に沿っていることはすぐに確認できます（図 15.2）。

この質点の運動の速度 u および運動量 p は、

$$\begin{cases} u(t) = \frac{dx}{dt} = -\frac{\alpha t}{\sqrt{1 + \frac{\alpha^2 t^2}{c^2}}} \\ u(0) = 0 \\ p = m_0 \frac{u}{\sqrt{1 - u^2}} = -\alpha m_0 t \end{cases} \tag{15.2}$$

となります。これから、この質点の運動は特殊相対性理論の運動方程式：

$$\begin{cases} \frac{dp}{dt} = f = -\alpha m_0 \\ p = m_0 \frac{u}{\sqrt{1 - \frac{u^2}{c^2}}} \end{cases} \tag{15.3}$$

を満足していることがわかります。つまり、この質点は一定の力を受けて運動しているということです。ニュートン力学とは異なり、質点の速度の絶対値は

---

[4]…… α は後で見るように、この運動の加速度になっています。$c \to \infty$ の極限を考えると、ニュートン力学の定加速度運動、$X(t) \xrightarrow[c \to \infty]{} -\frac{1}{2}\alpha t^2$ に一致しています。

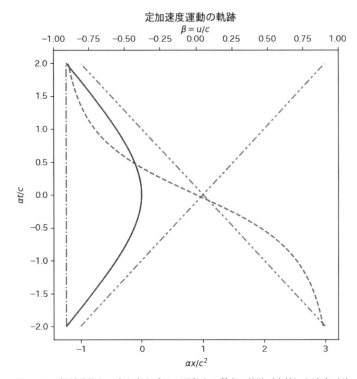

図 15.2 相対論的な一定な力を受けて運動する質点の軌跡（実線）と速度（破線）および静止系の観測者の軌跡（一点鎖線）。二点鎖線は軌跡の漸近線（原点を中心とする光円錐）を表しています。

c を超えることがありません。一方、運動量にはそのような制限はなく、この場合にはその絶対値は時間に比例して増えていきます。

図 15.2 に示されているように、この軌道はある速度で静止した観測者の地点から飛び立ち、一定の加速度で減速され、再び出発点に戻ってくる軌道をとります。まさにいま考えている「双子のパラドックス問題」に現れるロケットの運動を表しています。この運動を記述するために使ったミンコフスキー空間は、ロケットの出発点に残された観測者が静止している座標系に他なりません。この座標系を以下では観測系と呼びましょう。

- **ヒント：** 参考までに、数式処理プログラム SageMath を使ったこれらの計

15.1 ● 双子のパラドックス（ランジュバンの旅行者）　　153

算の検算結果を以下にご紹介しておきます。

```
var('x t c u m_0') # 使用する変数名を宣言します。
var("a",latex_name=r"\alpha")
assume(c > 0, m_0 > 0, t, a, 'real') # 変数の範囲や実数であることを
宣言します。
X(t) = c**2/a*(1-sqrt(1+a**2*t**2/c**2))
u(t)=diff(X(t),t)
p(t)=m_0*u(t)/sqrt(1-u(t)**2/c**2)
# 結果を表示します。
print("双曲線であることの確認:")
show( ((X(t)-c**2/a)**2 - c**2*t**2).simplify_full())
print("速度 u(t) =")
show(u(t))
print("運動量 p(t) =")
show(p(t).simplify_full())
```

双曲線であることの確認：

$$\frac{c^4}{\alpha^2}$$

速度 u(t) =

$$-\frac{\alpha t}{\sqrt{\frac{\alpha^2 t^2}{c^2}+1}}$$

運動量 p(t) =

$$-\alpha m_0 t$$

15.1.3 運動する質点の固有時刻

次に加速運動をしているロケット（$\mathcal{O_R}$）の固有時刻 τ を求めてみます。固

154 ● 第15章 ● 特殊相対性理論の理解を深める

有時刻は、加速運動をしているロケット上の観測者の時計の示す時刻そのもの
と考えることができます。

$$
\begin{aligned}
\tau &= \int \sqrt{1 - \frac{u^2}{c^2}}\, dt = \int \frac{1}{\sqrt{1 + \frac{\alpha^2 t^2}{c^2}}}\, dt \\
&= -\frac{c}{\alpha} \log \left(-\frac{\alpha t}{c} + \sqrt{1 + \frac{\alpha^2 t^2}{c^2}} \right) \\
&= \frac{c}{\alpha} \sinh^{-1} \left(\frac{\alpha t}{c} \right)
\end{aligned}
\tag{15.4}
$$

ここで τ の積分定数は $t = 0$ で $\tau = 0$ となるように選びました（図 15.3）。
有限の加速度 $(\alpha > 0)$ では、原点から外れるに従って t と τ の違いが大きく
なっていきます $(|t| > |\tau|)$。

● ヒント： SageMath による検算

```
%display latex
var('x t c u') ; var("a",latex_name=r"\alpha")
assume(c > 0, a > 0, t, a, 'real') # 変数の範囲や実数であることを宣
言します。
x(t)=c**2/a*(1-sqrt(1 + a**2*t**2/c**2))
u(t)=diff(x(t),t)
print("tau=" )
show(integrate(sqrt(1 - u(t)**2 / c**2),t))
```

tau=

$$
-\frac{c \log \left(-\alpha t + \sqrt{\alpha^2 t^2 + c^2} \right)}{\alpha}
$$

この τ を使うと、質点の軌道と速度を、

15.1 双子のパラドックス（ランジュバンの旅行者）

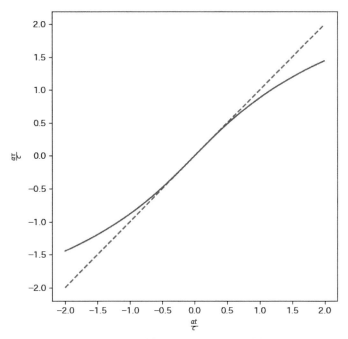

図 15.3 観測者の時刻 (t) とロケットの固有時 (τ) との関係。

$$\begin{cases} z(\tau) = -\dfrac{c^2}{\alpha}\left(\cosh\left(\dfrac{\alpha\tau}{c}\right) - 1\right) \\ t = \dfrac{c}{\alpha}\sinh\left(\dfrac{\alpha\tau}{c}\right) \\ u(\tau) = \dfrac{dz}{dt} = -c\tanh\left(\dfrac{\alpha\tau}{c}\right) \end{cases} \tag{15.5}$$

と書き表すことができます。

$$\begin{cases} \dfrac{d^2 z}{d\tau^2} = -\alpha\cosh\left(\dfrac{\alpha\tau}{c}\right) \\ \dfrac{d^2 t}{d\tau^2} = \dfrac{\alpha}{c}\sinh\left(\dfrac{\alpha\tau}{c}\right) \end{cases}$$

ですから、4元加速度ベクトル $\alpha^\mu \equiv \frac{d^2 z^\mu}{d\tau^2}$ の大きさは、

$$\eta_{\mu\nu}\alpha^{\mu}\alpha^{\nu} = \left(c\frac{d^2t}{d\tau^2}\right)^2 - \left(\frac{d^2z}{d\tau^2}\right)^2 = -\alpha^2$$

となり、この運動では4元加速度の（ミンコフスキー空間のベクトルとしての）大きさが一定であることがわかりました。

15.1.4 出発時の速度と時間経過および移動距離

観測系では $t = -T/2$ で速度 $u = \beta_0 c$ で動いていた質点は一定の力（減速）を受ける結果、$t = T/2$ に観測系でみた同じ空間点（$x = -D$）に速度 $u = -\beta_0 c$ で戻ってきます。$t = \pm T/2$ でのロケットの固有時を $\tau = \tau_{\pm}$ とすると、

$$\begin{cases} \pm T/2 = \dfrac{c}{\alpha}\sinh\left(\dfrac{\alpha\tau_{\pm}}{c}\right) \\ \mp\beta_0 = -\tanh\left(\dfrac{\alpha\tau_{\pm}}{c}\right) \end{cases} \tag{15.6}$$

です。この第2式から、$\tau_{\pm} = \pm\frac{c}{\alpha}\tanh^{-1}(\beta_0) = \pm\frac{c}{2\alpha}\log\left(\frac{1+\beta_0}{1-\beta_0}\right)$ であることがわかります。

これを第1式に代入すれば、静止した観測者が観測するロケットの往復時間 (T) は、

$$\begin{aligned} T/2 &= \frac{c}{2\alpha}\left[\sqrt{\frac{1+\beta_0}{1-\beta_0}} - \sqrt{\frac{1-\beta_0}{1+\beta_0}}\right] \\ &= \frac{\beta_0 c}{\alpha\sqrt{1-\beta_0^2}} \end{aligned} \tag{15.7}$$

と求められます。往復の時間 T の間に加速度運動している質点の固有時 τ は

$$\Delta\tau = \tau_+ - \tau_- = \frac{c}{\alpha}\log\left(\frac{1+\beta_0}{1-\beta_0}\right) \tag{15.8}$$

進むことになります（図15.2）。これはロケットと共に運動している観測者にとっての往復の時間に他なりません。

このように、一定の力の下で運動しているロケットの固有時の進みは、静止している観測系の時計の進み[5]に比べて遅れています。実際、

***

※5 …… 観測系で静止した観測者にとっては、経過時間＝観測者の固有時であることに注意します。

$$\frac{d\tau}{dt} = \frac{1}{\cosh\frac{\alpha\tau}{c}} = \frac{1}{\sqrt{1 + \frac{\alpha^2 t^2}{c^2}}} \leq 1 \tag{15.9}$$

です。等号が成り立つのは $t = 0$ の折り返し地点でロケットの速度が 0 になった場合であることがわかります。

また、この間にロケットが折り返すまでに移動した距離 D は、

$$\begin{aligned} D &= \frac{c^2}{\alpha}\left(\sqrt{1 + \frac{\alpha^2 T^2}{4c^2}} - 1\right) \\ &= \frac{c^2}{\alpha}\left(\frac{1}{\sqrt{1 - \beta_0^2}} - 1\right) \end{aligned} \tag{15.10}$$

です。

●**ヒント：** SageMath による式 (15.10) の検算

```
%display latex
var('c D T') # 使用する変数名を宣言します。
var('a',latex_name=r"\alpha"); var("b_0",latex_name=r"\beta_0")
assume(b_0 > 0, c > 0, T > 0 , D >0, b_0,'real') #変数に条件を設定
します。
T=2*b_0*c/a/sqrt(1-b_0**2)
D=c**2/a*( sqrt( 1 + a**2*T**2/4/c**2)-1)
print("Travel Distance :")
show(D.simplify_full()) # 結果をまとめます。
```

```
Travel Distance :
```

$$\frac{c^2\left(\sqrt{-\frac{1}{\beta_0{}^2 - 1}} - 1\right)}{\alpha}$$

15.1.5 それぞれの観測者からみた時間の経過

この問題には、二人の観測者 $\mathcal{O}_\mathcal{E}$ と $\mathcal{O}_\mathcal{R}$ が現れます。地球に残った弟 ($\mathcal{O}_\mathcal{E}$)

158 ● 第 15 章 ● 特殊相対性理論の理解を深める

ロケットの初速度を変えた時の、ロケットの固有時と地上の観測系の時計の比率

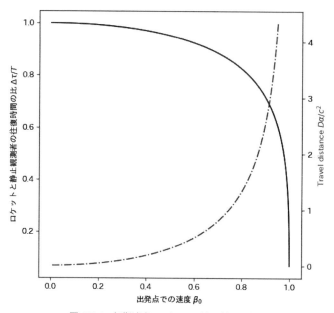

図 15.4　初期速度 β_0 と $\Delta\tau$ 対 T 比の関係。

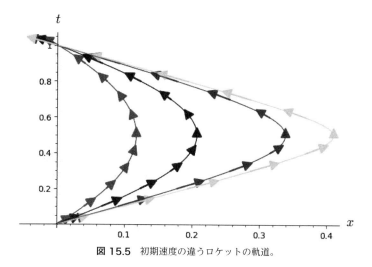

図 15.5　初期速度の違うロケットの軌道。

とロケットに乗り込んで旅をした兄（O_R）というわけです。ここでは、この二人の観測者が相手の時計を望遠鏡で観測した時に、その時計の示す時刻と自分の時計の時刻の関係がどのようなものになるかを考えてみます。

　まず、ロケットの観測者 O_R からこの現象を考えてみます。観測者 O_R からみても相手が一定の加速度を受けながら徐々に減速／反転し、やがて同じ場所に戻ってくるということは同じです。しかしながら、O_E に働いているのは、O_R の加速度運動による見かけの力です。この見かけの力は O_R にも働いており、この見かけの力と O_R に働いている本来の力 f が釣り合っていることで、O_R はその座標系の中で同じ位置にとどまり続けることができます。というように、働いている力までを考慮すると、O_R と O_E は特殊相対性理論の枠内では同等ではありません。二つの立場を全く同等に取り扱うためには、一般相対性理論を用いて一般座標変換の枠組みを使うことが自然です。この立場からは、時計の進みは重力場のポテンシャルに依存しているということから、この現象を説明することができます。

　しかしながら、双子のパラドックスがパラドックスではないということ自体は、ここで説明するように特殊相対性理論の枠内でも説明は可能です。

　いま、二つの観測者はお互いの時計を（望遠鏡を使って）見ており、その時計の見かけの進み方がどうなるかを考えてみましょう。このように観測される時計の進みは、座標系の変換規則を用いて得られる観測時刻とは異なるものであることに注意しましょう（座標変換を使った方法は次節［第15.1.6節］で議論します）。

　ロケットの乗員（O_R）が自分自身の時計が τ の時に、望遠鏡でみた地上の時計の時刻を $t_R(\tau)$ とします。また、逆に地上の観測者（O_E）が望遠鏡でみたロケットの固有時が τ の時の手元の時計の時刻を $t_E(\tau)$ とします。それぞれ時計をでた光がロケットあるいは地上の観測者に届く時間の分だけ、これは座標の時刻と異なっていることに注意しましょう。ロケットが地上を速度 $c\beta_0$ で出発した時刻を t_s および固有時 τ_s として、それらの時刻の関係は：

$$\begin{cases} t_R(\tau) = t(\tau) - (x_p(t(\tau)) - x_p(t_s))/c \\ \tau_E(\tau) = t(\tau) + (x_p(t(\tau)) - x_p(t_s))/c \end{cases}$$

となります。これらの時刻と位置 x_p の関係を図15.6 に示します。

ロケットと地上観測者がお互いの時計をみた時の時計の時刻

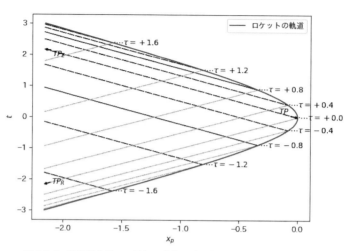

図 15.6 望遠鏡を使って見える時計が示す時刻とロケット位置の関係。

　これら3種類の時刻を図15.7に図示しました。見やすくするために、出発時の時刻 t_s および τ_s からの変化を図示しています。また地上の時計が t の時のロケットの速度 $\beta = \frac{v(t)}{c}$ も合わせて表示しています。固有時 τ（破線）を見ると、出発の初めでは地上の時計の進みに比べゆっくり進んでいたロケットの固有時が、減速に従い、徐々に地上の時計の進みに近づき、速度が上昇するのに従って、再び進み方が遅くなることがわかります。

　地上の観測者が見ているロケットの時計（一点鎖線）は、次第にロケットが遠ざかって行くため、当初は固有時よりもゆっくり進んでいるように見えます。しかし、ロケットが折り返し点を超える時点（TP_E）での時計の信号を受けとった後は急激に進み、ロケットが戻ってきた時には、その時点での固有時を示す時計が見えることになります。地上の観測者がロケットが折り返し点を超える時点での時計の信号を受け取る時刻は、実際に折り返しが行われる時刻（TP）より $\Delta t = \frac{D}{c}$ 後であることに注意しましょう。

　一方で、ロケット上の観測者が見ている地上の時計（二点鎖線）も、折り返し地点（TP_R）までは非常にゆっくりと進み、ロケットが折り返した後に受け取る地上の観測者の時計の信号は急激に早く進んで行くように見えることがわ

15.1 双子のパラドックス（ランジュバンの旅行者）

地上とロケットでみる相手の時計の示す時刻

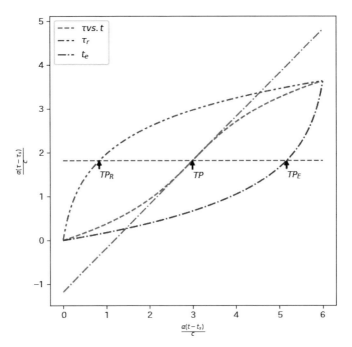

図 15.7　望遠鏡を使って見える時計が示す時刻。
破線：固有時 τ（縦軸）と地上の時刻 t（横軸）の関係。$\frac{a}{c}$ を掛けることで、無次元化した量を示しています。また、時刻の原点をロケットの出発時に平行移動しています。二点鎖線：ロケットの観測者が時刻 τ に望遠鏡で見る地上の時計が示す時刻 $t_r(\tau)$。一点鎖線：ロケットの時計が時刻 τ を示すことを、地上の観測者が望遠鏡で見る時刻 t_e。

かります。この場合もロケットが地上に戻ってきた時には、地上の時計は、ロケットの固有時に比べ進んだ表示になることがわかります。

　望遠鏡で見る時計の時刻と、相対性理論でいうところの"観測時間"との違いに注意しましょう。後者は事象の時空点の座標系が示す時刻です。それぞれの慣性系では空間の各点に時計が置かれており、その時計が属する慣性系の同時刻には全てのその慣性系の時計は同時刻を指すよう調整されていると考えます。

● 15.1.6 ● ロケットの瞬時静止座標系

前節では、二人の観測者がお互いの時計を望遠鏡（光）を使って観測した場合の時刻を比較してみました。この節では、座標変換を用いて、同様の結果が導かれることを確かめましょう。加速度運動をしているロケットの観測者 $\mathcal{O}_\mathcal{R}$ の座標系をここでは、瞬時静止座標系[6]（式 (15.13)）の考え方を使って定義します。

質点の運動を記述した座標系 K は $\mathcal{O}_\mathcal{E}$ が静止している座標系ですが、時間と空間の原点は、折り返し地点となっています。$\mathcal{O}_\mathcal{R}$ が出発した時刻と位置を原点とする $\mathcal{O}_\mathcal{E}$ の座標系 K_E とは定数の差があります。

$$
\begin{cases}
x = x_e - D \\
t = t_e - T/2
\end{cases}
\tag{15.11}
$$

D および T はロケットの出発時の速度 $v = c\beta_0$ およびロケットの加速度 α を使って

$$
\begin{cases}
D = \dfrac{c^2}{\alpha}\left(\dfrac{1}{\sqrt{1-\beta_0^2}} - 1\right) \\
\quad = \dfrac{c^2}{\alpha}\left(\gamma_0 - 1\right) \\
T/2 = \dfrac{\beta_0 c}{\alpha\sqrt{1-\beta_0^2}} \\
\quad = \dfrac{c}{\alpha}\gamma_0\beta_0 \\
\text{ここで、} \gamma_0 = \dfrac{1}{\sqrt{1-\beta_0^2}} \text{ を用いました。}
\end{cases}
\tag{15.12}
$$

と表されます。

次に系 K の時刻 t で $\mathcal{O}_\mathcal{R}$（ロケット）と同じ速度で動いている慣性系（瞬時静止座標系）K_τ を考えます。

ロケットの速度：$u(\tau) = -c\tanh\left(\frac{\alpha\tau}{c}\right)$ を使うと、K の座標 t, x と K_τ の座標 t_τ, x_τ との間のローレンツ変換は原点のズレを考慮して、

---

[6] …… 瞬間静止系あるいは瞬間共動座標系

15.1 双子のパラドックス（ランジュバンの旅行者）　　163

$$
\begin{cases}
x - x_o(\tau) = \dfrac{1}{\sqrt{1 - \frac{u(\tau)^2}{c^2}}} \left(x_\tau + u(\tau)\left(t_\tau - \tau \right) \right), \\[4mm]
t - t_o(\tau) = \dfrac{1}{\sqrt{1 - \frac{u(\tau)^2}{c^2}}} \left(t_\tau - \tau + \dfrac{u(\tau)}{c^2} x_\tau \right),
\end{cases}
\tag{15.13}
$$

$$
\begin{cases}
x_\tau = \dfrac{1}{\sqrt{1 - \frac{u(\tau)^2}{c^2}}} \left(x - x_o(\tau) - u(\tau)\left(t - t_o(\tau) \right) \right), \\[4mm]
t_\tau - \tau = \dfrac{1}{\sqrt{1 - \frac{u(\tau)^2}{c^2}}} \left(t - t_o(\tau) - \dfrac{u(\tau)}{c^2} \left(x - x_o(\tau) \right) \right),
\end{cases}
\tag{15.14}
$$

となります。$x_o(\tau), t_o(\tau)$ は系 K でのロケットの位置と時刻です。

$$
\begin{cases}
x_o(\tau) = \dfrac{c^2}{\alpha} \left(1 - \cosh\left(\dfrac{\alpha\tau}{c} \right) \right) \\[4mm]
t_o(\tau) = \dfrac{c}{\alpha} \sinh\left(\dfrac{\alpha\tau}{c} \right)
\end{cases}
\tag{15.15}
$$

座標系 K_τ はロケットの時刻 t_o での瞬間静止系ということになります。この座標系を使った、(x, t) から座標 (x_τ, τ) への変換が、

$$
\begin{cases}
\tau = -\dfrac{1}{\alpha} \tanh^{-1}\!\left(\dfrac{t}{x - \frac{c^2}{\alpha}} \right) \\[4mm]
x_\tau = \dfrac{1}{\cosh\left(\frac{\alpha\tau}{c} \right)} \left(x - x_o(\tau) \right) \\[4mm]
\quad = \dfrac{c^2}{\alpha} + \dfrac{1}{\cosh\left(\frac{\alpha\tau}{c} \right)} \left(x - \dfrac{c^2}{\alpha} \right)
\end{cases}
\tag{15.16}
$$

で与えられる座標系を考えることができます。この座標系 (x_τ, τ) ではロケットの空間座標は $x_\tau \equiv 0$ と一定ですから、ロケットの静止座標系と呼ぶことができるでしょう。

　次に、このロケットの静止系における、観測者 $\mathcal{O}_\mathcal{E}$ の位置と時刻を求めてみます。系 K では、$\mathcal{O}_\mathcal{E}$ の座標は $x = -D$ で一定です。式 (15.16) にこれを代入すれば、$\mathcal{O}_\mathcal{R}$ が観測する $\mathcal{O}_\mathcal{E} : (\S = -\mathcal{D})$ の位置 (x_τ) は、

$$
x_\tau = +\dfrac{c^2}{\alpha} - \dfrac{D + \frac{c^2}{\alpha}}{\cosh\left(\frac{\alpha\tau}{c} \right)}
\tag{15.17}
$$

であって、この時 $\mathcal{O}_\mathcal{E}$ の時計は、

$$\tilde{t}(\tau) = \frac{\tanh\left(\frac{\alpha\tau}{c}\right)}{c}\left(D + \frac{c^2}{\alpha}\right)$$
$$= \frac{c\tanh\left(\frac{\alpha\tau}{c}\right)}{\alpha\sqrt{1-\beta_0^2}} \tag{15.18}$$

を指していると観測することになります。これを τ について微分すると、

$$\frac{d\tilde{t}}{d\tau} = \frac{1}{\cosh^2\left(\frac{\alpha\tau}{c}\right)}\left(\frac{\alpha D}{c^2} + 1\right)$$
$$= \left(1 - \frac{u(\tau)^2}{c^2}\right)\frac{1}{\sqrt{1-\beta_0^2}} \xrightarrow{\tau\to 0} \frac{1}{\sqrt{1-\beta_0}^2} > 1 \tag{15.19}$$

です。これから折り返し点付近 ($\tau \sim 0$ つまり $u \sim 0$) では、$\tilde{t}$ は τ よりも早く進むことがわかります。地上の観測者の静止系でのロケットと地上観測者の間の距離 $L(\tau) = x_o(\tau) - (-D) = D + \frac{c^2}{\alpha}\left(1 - \cosh\left(\frac{\alpha\tau}{c^2}\right)\right)$ を使うと、式 (15.19) を、

$$\frac{d\tilde{t}}{d\tau} = \frac{1}{\cosh\left(\frac{\alpha\tau}{c}\right)} + \frac{\alpha L(\tau)}{c^2\cosh^2\left(\frac{\alpha\tau}{c}\right)} \tag{15.20}$$

と書き換えることができます。この第 1 項 $\frac{1}{\cosh\left(\frac{\alpha\tau}{c}\right)} = \sqrt{1 - \frac{u(\tau)^2}{c^2}}$ は特殊相対論による時間の遅れの効果と考えられます。第 2 項は、ロケットから地球までの距離と加速度の積に比例しています。これは重力ポテンシャルに相当する量に比例しており、一般相対性理論で予想される時計の遅れの効果と一致しています。出発時や到着時には、

$$\frac{d\tilde{t}}{d\tau}(\tau_s) = \frac{1}{\cosh\frac{\alpha\tau_s}{c}} = \sqrt{1-\beta^2} < 1$$

ですから、ロケットから観測する地球の時計はゆっくり進むと観測されることもわかります。

図15.7 で示した望遠鏡を通じて観測した時計の進みと、座標系に基づく観測による時計の進みを合わせて図15.9 に表示しました。双子のパラドックスにおける二人の観測者が見る時間の進み具合の違いがよくわかるかと思います。

ロケットの静止座標系でみた地上の観測者の軌跡

式 (15.17) から地上の観測者 $\mathcal{O}_\mathcal{E}$ をロケットの静止座標系で観測した座標

15.1 双子のパラドックス（ランジュバンの旅行者）

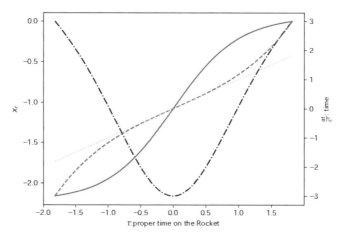

図 15.8 ロケットの瞬時静止系でみた地球の時計の進み方：
実線：ロケットの瞬時静止系で観測される地球の時刻（右縦軸）。破線：地球が静止している系で、時刻 t（右縦軸）に観測されるロケットの固有時 τ（下横軸）。
一点鎖線：ロケットの瞬時静止系で観測される地上観測者の位置座標（左縦軸）。

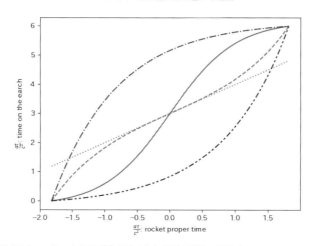

図 15.9 ロケットの瞬時静止系でみた地球の時計の進み方：
実線：ロケットの瞬時静止系で観測される地球の時刻（左縦軸）破線：地上の観測者の座標系で、時刻 t（左縦軸）に観測されるロケットの固有時 τ（下横軸）。一点鎖線：ロケットの乗員が望遠鏡で観測した地球の時刻（左縦軸）二点鎖線：地上の観測者が望遠鏡で観測したロケットの時刻（下横軸）。

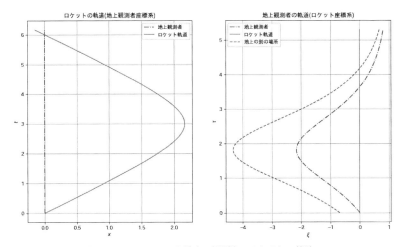

図 15.10 ロケットと地上の観測者のそれぞれの軌跡。

値は、

$$\begin{aligned}
x_r(\tau) &= \sqrt{1 - \frac{u(\tau)^2}{c^2}} \left(-D - x_o(\tau)\right) \\
&= \frac{c^2}{\alpha} - \frac{D + \frac{c^2}{\alpha}}{\cosh\left(\frac{\alpha\tau}{c}\right)} \\
&= -\frac{1}{\cosh\left(\frac{\alpha\tau}{c}\right)} \left(D - \frac{c^2}{\alpha}\left(\cosh\left(\frac{\alpha\tau}{c}\right) - 1\right)\right)
\end{aligned} \quad (15.21)$$

で与えられます。この軌道 (x_r, τ) を図 15.10 に示します。

15.2 棒と穴のパラドックス

特殊相対性理論が予言するローレンツ収縮については、「移動している長さ L の棒が直径がそれと同じ L の穴を通り抜けられるか？」という問題（「棒と穴」問題）が知られています。

穴が静止、棒が長さ方向に移動している系（ここではこれを観測系 X_C と呼びます）で考えれば、ローレンツ収縮によって、棒の長さは $\sqrt{1-\beta^2}L$ とな

り、これは穴の直径 L より小さいので、棒は穴を通り抜けられるということになります。

一方、棒と一緒に運動している系（X_R）から考えると、穴は x 軸に逆方向に速さ βc で動いていることになります。そのため、この座標系では穴の進行方向の大きさは $\sqrt{1-\beta^2}L$ です。穴の大きさが棒の長さより短いので、棒は穴を通らないではないかということになってしまいます。このパラドックスが**棒と穴のパラドックス**です。

ここでは、ローレンツ変換を使ってこの問題を検討してみましょう。

15.2.1 問題の定式化

簡単のために、時空は1+2次元の空間を考えます。棒はその静止系（座標系 X_R）での長さが L であるとします。また、棒の太さは無限小であるとします。穴は空間を2分する厚さ無限小の板に開いており、その直径を D とします。穴は棒の進行方向とは鉛直の方向に移動しており、穴と棒は時刻 $t=0$ でその中心が一致するように調整されているとします。

この穴が鉛直方向（y）に移動し、棒が長さ方向（x）に移動している系を、観測系 X_C と呼ぶことにします。

ローレンツ収縮によって、この系で観測する棒の長さは $\sqrt{1-\beta^2}L$ となります。一方穴は直径方向には運動していませんので、穴の直径は穴が静止している時と同じ D です。したがって、$L=D$ だとしても、棒の長さは穴の直径より小さいので、棒は穴を通り抜けられるということになります。

一方、棒と一緒に運動している系（X_R）を考えると、この系では、穴は x 軸に逆方向に速さ v で動いていることになりますから、この系では、穴の進行方向の大きさは $\sqrt{1-\beta^2}L$ です。$L=D$ の場合には、穴の大きさが棒の長さより短いので、棒は穴を通らないではないかということになってしまいます。

また、穴が静止した座標系 X_H を考えることもできます。この系では棒は穴に対して斜めに運動することになります。

以下ではローレンツ変換を使って、3つの観測系 X_C, X_R, X_H で棒と穴の運動がどのように見えるのかを調べることで、この一見矛盾した状況が実は矛盾無く説明できることを明らかにしていきます。

168 ◆ 第15章 特殊相対性理論の理解を深める

◆ **15.2.2 座標系の間の関係**

X_R および X_H は X_C に対してそれぞれ x 軸方向に速度 v_x、および y 軸方向に速度 v_y で進んでいるとします。また、X_R および X_H の原点（棒および穴の中心）は時刻 $t^C = t^R = t^H$ で X_C の原点と重なるように選ぶとします。

この時、X_C と X_R のローレンツ変換および X_C と X_R の間のローレンツ変換は直ちに書き下せます（この章では、光速度が $1,\ c = 1,\ $ となる単位系を使うことにします）。

$$\begin{cases} t^R = \gamma_x\big(t^C - v_x x^C\big) \\ x^R = \gamma_x\big(x^C - v_x t^C\big) \\ y^R = y^C \end{cases}$$

$$\begin{cases} t^H = \gamma_y\big(t^C - v_y y^C\big) \\ x^H = x^C \\ y^H = \gamma_y\big(y^C - v_y t^C\big) \end{cases}$$

これらの変換規則を使うと、X_R と X_H の座標相互変換は次の式で表されます。

$$\begin{cases} t^R = \gamma_x\gamma_y v_y y^H + \gamma_x\gamma_y t^H - \gamma_x v_x x^H \\ x^R = -\gamma_x\gamma_y v_x v_y y^H - \gamma_x\gamma_y t^H v_x + \gamma_x x^H \\ y^R = \gamma_y t^H v_y + \gamma_y y^H \end{cases}$$

$$\begin{cases} t^H = \gamma_x\gamma_y v_x x^R + \gamma_x\gamma_y t^R - \gamma_y v_y y^R \\ x^H = \gamma_x t^R v_x + \gamma_x x^R \\ y^H = -\gamma_x\gamma_y v_x v_y x^R - \gamma_x\gamma_y t^R v_y + \gamma_y y^R \end{cases}$$

● **ヒント:** SageMath/SageManifold を使った検算

```
%display latex
MS = Manifold(3, 'MS', latex_name=r'\mathcal{MS}',structure="Lorentzian
↪",start_index=0)
UMS = MS.open_subset('UMS') # the complement of the half-plane (y=0, x>
```

15.2 棒と穴のパラドックス

```
↪=0)
X_C.<tc, xc, yc > = MS.chart(r"tc:t^C xc:x^C yc:y^C")
X_R.<tr, xr, yr>=MS.chart(r'tr:t^R xr:x^R yr:y^R')
X_H.<th, xh, yh>=MS.chart(r'th:t^H xh:x^H yh:y^H')
MS.set_default_chart(X_C)
#
vx=var('vx',latex_name=r"v_x")
vy=var('vy',latex_name=r"v_y")
gx=var('gx',latex_name=r"\gamma_x")
gy=var('gy',latex_name=r"\gamma_y")
# Maps between LC and SC
X_C_to_X_R = X_C.transition_map(X_R, [gx*(tc-vx*xc), gx*(xc-vx*tc) , ↲
↪yc] )
X_C_to_X_H = X_C.transition_map(X_H, [gy*(tc-vy*yc), xc, gy*(yc-vy*tc) ↲
↪] )
X_R_to_X_C = X_R.transition_map(X_C, [gx*(tr+vx*xr), gx*(xr+vx*tr) , ↲
↪yr] )
X_H_to_X_C = X_H.transition_map(X_C, [gy*(th+vy*yh), xh, gy*(yh+vy*th) ↲
↪] )
#
show(X_C_to_X_R.display())
show(X_C_to_X_H.display())
show([e.subs(vy^2==1-1/gy^2).simplify_full()
    for e in (X_C_to_X_R*X_C_to_X_H.inverse())(th,xh,yh)])
show([e.subs(vx^2==1-1/gx^2).simplify_full()
    for e in (X_C_to_X_H*X_C_to_X_R.inverse())(tr,xr,yr)])
```

$$\begin{cases} t^R & = & -\left(v_x x^C - t^C\right)\gamma_x \\ x^R & = & -\left(t^C v_x - x^C\right)\gamma_x \\ y^R & = & y^C \end{cases}$$

$$\begin{cases} t^H & = & -\left(v_y y^C - t^C\right)\gamma_y \\ x^H & = & x^C \\ y^H & = & -\left(t^C v_y - y^C\right)\gamma_y \end{cases}$$

$$\left[\gamma_x \gamma_y v_y y^H + \gamma_x \gamma_y t^H - \gamma_x v_x x^H, -\gamma_x \gamma_y v_x v_y y^H - \gamma_x \gamma_y t^H v_x + \gamma_x x^H, \right.$$

$$\gamma_y t^H v_y + \gamma_y y^H \big]$$
$$\big[\gamma_x \gamma_y v_x x^R + \gamma_x \gamma_y t^R - \gamma_y v_y y^R, \gamma_x t^R v_x + \gamma_x x^R,$$
$$-\gamma_x \gamma_y v_x v_y x^R - \gamma_x \gamma_y t^R v_y + \gamma_y y^R \big]$$

15.2.3 基準となる観測者（X_C）

棒の両端は棒の静止座標系 X_R ではその座標系の時間にかかわらず、その右端が $x_{Rr}^R = L/2, y_{Rr}^R = 0$、左端が $x_{Rl}^R = -L/2, y_{Rl}^R = 0$ の座標を持っています。

これをローレンツ変換を使って、観測系 X_C での座標に変換してみましょう。

$$棒右端 \begin{cases} t_{Rr}^C = \gamma_x \left(t_{Rr}^R + v_x L/2 \right) \\ x_{Rr}^C = \gamma_x \left(L/2 + v_x t_{Rr}^R \right) \\ y_{Rr}^C = y_{Rr}^R = 0 \end{cases}$$

$$(15.22)$$

$$棒左端 \begin{cases} t_{Rl}^C = \gamma_x \left(t_{Rl}^R + v_x(-L/2) \right) \\ x_{Rl}^C = \gamma_x \left(-L/2 + v_x t_{Rl}^R \right) \\ y_{Rl}^C = y_{Rl}^R = 0 \end{cases}$$

これを整理すると、

$$棒右端 \begin{cases} x_{Rr}^C = \sqrt{1 - v_x^2} \dfrac{L}{2} + v_x t_{Rr}^C \\ y_{Rr}^C = 0 \end{cases}$$

$$(15.23)$$

$$棒左端 \begin{cases} x_{Rl}^C = -\sqrt{1 - v_x^2} \dfrac{L}{2} + v_x t_{Rr}^C \\ y_{Rl}^C = 0 \end{cases}$$

と X_C で観測される棒は x 方向に速度 v_x で移動しており、その長さは $\sqrt{1 - v_x^2} L$ とローレンツ収縮していることがわかります。

同様に、穴の両端は穴の静止座標系 X_H でみた時、$x_{Hr}^H = D/2, y_{Hr}^H = 0$ および $x_{Hl}^H = -L/2, y_{Hl}^H = 0$ の座標を持っています。

$$\text{穴右端}\begin{cases} t^C_{Hr} = \gamma_y \left(t^H_{Hr} + v_y y^H_{Hr} \right) = \gamma_y t^H_{Hr} \\ x^C_{Hr} = x^C_{Hr} = D/2 \\ y^C_{Hr} = \gamma_y \left(y^H_{Hr} + v_y t^H_{Hr} \right) = v_y t^C_{Hr} \end{cases}$$

$$\tag{15.24}$$

$$\text{穴左端}\begin{cases} t^C_{Hl} = \gamma_y t^H_{Hl} \\ x^C_{Hl} = x^C_{Hl} = -D/2 \\ y^C_{Hl} = \gamma_y v_y t^H_{Hl} = v_y t^C_{Hl} \end{cases}$$

X_C では、穴は速度 v_y で y 方向に移動しており、その直径は D となっています。これから、棒の長さと穴の直径が $\sqrt{1 - v_x^2}L < D$ の条件を満たしていれば、棒は穴を追加することができます。

- **ヒント：** SageMath/SageManifold を使った検算

```
var("L D")
show( X_R_to_X_C(tr, L/2, 0), X_R_to_X_C(tr, -L/2, 0))
show( X_H_to_X_C(th, D/2, 0), X_H_to_X_C(th, -D/2, 0))
```

$$\left(\frac{1}{2}L\gamma_x v_x + \gamma_x t^R, \gamma_x t^R v_x + \frac{1}{2}L\gamma_x, 0 \right) \left(-\frac{1}{2}L\gamma_x v_x + \gamma_x t^R, \gamma_x t^R v_x - \frac{1}{2}L\gamma_x, 0 \right)$$

$$\left(\gamma_y t^H, \frac{1}{2}D, \gamma_y t^H v_y \right) \left(\gamma_y t^H, -\frac{1}{2}D, \gamma_y t^H v_y \right)$$

15.2.4 穴と一緒に移動する観測者（X_H）

この座標系（X_H）では穴は静止しているので、穴の両端の空間座標は、時刻 t^H に関係なく一定です。

$$\text{穴右端}\begin{cases} x^H_{Hr} = D/2 \\ y^H_{Hr} = 0 \end{cases}$$

$$\tag{15.25}$$

$$\text{穴左端}\begin{cases} x^H_{Hl} = -D/2 \\ y^H_{Hl} = 0 \end{cases}$$

一方、棒の両端の座標は、$X_R \to X_C \to X_H$ と 2 段階のローレンツ変換を組み合わせることで、

$$
棒右端 \begin{cases} t^H = \gamma_x \gamma_y \left(v_x \frac{L}{2} + t^R_{Rr} \right) \\ x^H_{Rr} = \gamma_x \left(\frac{L}{2} + v_x t^R_{Rr} \right) \\ y^H_{Rr} = -\gamma_x \gamma_y v_y \left(v_x \frac{L}{2} + t^R_{Rr} \right) = -v_y t^H \end{cases}
$$

$$
棒左端 \begin{cases} t^H = \gamma_x \gamma_y \left(-v_x \frac{L}{2} + t^R_{Rl} \right) \\ x^H_{Rl} = \gamma_x \left(-\frac{L}{2} + v_x t^R_{Rl} \right) \\ y^H_{Rl} = -\gamma_x \gamma_y v_y \left(-v_x \frac{L}{2} + t^R_{Rl} \right) = -v_y t^H \end{cases}
$$
(15.26)

と求められます。$t^H = 0$ で、$y^H_{Rr} = y^H_{Rl} = 0$ となりますが、この時棒の両端の位置は、

$$
\begin{cases} x^H_{Rr} = \gamma_x \left(\frac{L}{2} + v_x t^R_{Rr} \right) = \gamma_x \left(1 - v_x^2 \right) \frac{L}{2} \\ x^H_{Rl} = \gamma_x \left(-\frac{L}{2} + v_x t^R_{Rl} \right) = -\gamma_x \left(1 - v_x^2 \right) \frac{L}{2} \end{cases}
$$

になっています。棒の長さは、X_C の場合と同じく、$\sqrt{1 - v_x^2}L$ ですから、棒が穴を通り抜ける条件も $\sqrt{1 - v_x^2}L < D$ と同じになります。

● ヒント： SageMath/SageManifold を使った検算

```
show( X_C_to_X_H(*X_R_to_X_C(tr, L/2, 0)))
show( X_C_to_X_H(*X_R_to_X_C(tr, -L/2, 0)))
show( X_C_to_X_H(*X_H_to_X_C(th, D/2, 0)), X_C_to_X_H(*X_H_to_X_C(th, -
↪D/2, 0)))
```

$$
\left(\frac{1}{2} L \gamma_x \gamma_y v_x + \gamma_x \gamma_y t^R, \gamma_x t^R v_x + \frac{1}{2} L \gamma_x, -\frac{1}{2} \left(L \gamma_x \gamma_y v_x + 2 \gamma_x \gamma_y t^R \right) v_y \right)
$$

$$
\left(-\frac{1}{2} L \gamma_x \gamma_y v_x + \gamma_x \gamma_y t^R, \gamma_x t^R v_x - \frac{1}{2} L \gamma_x, \frac{1}{2} \left(L \gamma_x \gamma_y v_x - 2 \gamma_x \gamma_y t^R \right) v_y \right)
$$

$$
\left(-\gamma_y{}^2 t^H v_y{}^2 + \gamma_y{}^2 t^H, \frac{1}{2} D, 0 \right) \left(-\gamma_y{}^2 t^H v_y{}^2 + \gamma_y{}^2 t^H, -\frac{1}{2} D, 0 \right)
$$

15.2.5 棒と一緒に移動する観測者（X_R）

この座標系（X_R）では棒は静止しているので、この座標系での空間座標は、

$$
棒右端 \begin{cases} x_{Rr}^R = L/2 \\ y_{Rr}^R = 0 \end{cases}
$$

$$
棒左端 \begin{cases} x_{Rl}^R = -L/2 \\ y_{Rl}^R = 0 \end{cases}
\tag{15.27}
$$

と時刻 t^R によらず一定です。一方穴の両端の座標は、

$$
穴右端 \begin{cases} t^R = \gamma_x \left(\gamma_y t_{Hr}^H - v_x \frac{D}{2} \right) \\ x_{Hr}^R = \gamma_x \left(-\gamma_y t_H^H r v_x + \frac{D}{2} \right) \\ y_{Hr}^R = \gamma_y v_y t_{Hr}^H = v_y \left(v_x \frac{D}{2} + \frac{t^R}{\gamma_x} \right) \end{cases}
$$

$$
穴左端 \begin{cases} t^R = \gamma_x \left(\gamma_y t^H{}_{Hl} + v_x \frac{D}{2} \right) \\ x_{Hl}^R = -\gamma_x \left(\gamma_y t^H{}_{Hl} v_x + \frac{D}{2} \right) \\ y_{Hl}^R = \gamma_y v_y t_{Hl}^H = v_y \left(-v_x \frac{D}{2} + \frac{t^R}{\gamma_x} \right) \end{cases}
\tag{15.28}
$$

です。この座標系で時刻 $t^R = 0$ での座標を調べてみると、

$$
穴右端 \begin{cases} t^R = 0 \\ x_{Hr}^R = \sqrt{1 - v_x^2} \frac{D}{2} \\ y_{Hr}^R = v_y v_x \frac{D}{2} \end{cases}
\tag{15.29}
$$

$$
穴左端 \begin{cases} t^R = 0 \\ x_{Hl}^R = -\sqrt{1 - v_x^2} \frac{D}{2} \\ y_{Hl}^R = \gamma_y v_y t_{Hl}^H = -v_y v_x \frac{D}{2} \end{cases}
$$

ですので、穴の x 方向の大きさはローレンツ収縮によって $\sqrt{1 - v_x^2}\, D$ になっています。しかし、この時穴の両端は棒に対して傾いていますので［図15.11］、これだけでは棒が穴を通過できないということはできません。穴の右端がこの

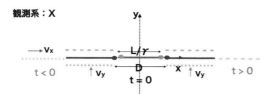

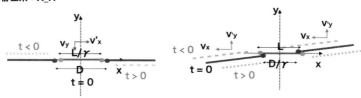

図 15.11 座標系ごとの棒と穴の動き。

座標系で棒の右端と同じ高さ（$y^R = 0$）を通過する時（$t^R_{Hr} = 0$）の、この座標系での時刻は、$t^R = -\gamma_x v_x \frac{D}{2}$、x 座標は $x = \gamma_x \frac{D}{2}$ です。また、左端が通過する際の座標は、$t^R = \gamma_x v_x \frac{D}{2}$、x 座標は $x = -\gamma_x \frac{D}{2}$ です。穴の差し渡しはローレンツ収縮をしているとしても、条件：$\sqrt{1 - v_x^2} L < D$ が成り立てば、棒が静止している座標でも、棒は（傾いた）穴を通過できることがわかります。

このように、一見パラドックスに見えた「棒と穴」の問題も、条件、$\sqrt{1 - \beta^2} L < D$ が成り立っていれば、どの立場でみても棒は無事に穴を通過して行くことが確認できました。

- **ヒント：** SageMath/SageManifold を使った検算

```
show( X_C_to_X_R(*X_R_to_X_C(tr, L/2, 0)), X_C_to_X_R(*X_R_to_X_C(tr, -
↪L/2, 0)))
show( X_C_to_X_R(*X_H_to_X_C(th, D/2, 0)), X_C_to_X_R(*X_H_to_X_C(th, -
↪D/2, 0)))
```

$$\left(-\gamma_x{}^2 t^R v_x{}^2 + \gamma_x{}^2 t^R, -\frac{1}{2} L \gamma_x{}^2 v_x{}^2 + \frac{1}{2} L \gamma_x{}^2, 0 \right)$$

15.2 棒と穴のパラドックス

$$\left(-\gamma_x{}^2 t^R v_x{}^2 + \gamma_x{}^2 t^R, \frac{1}{2}L\gamma_x{}^2 v_x{}^2 - \frac{1}{2}L\gamma_x{}^2, 0\right)$$

$$\left(\gamma_x\gamma_y t^H - \frac{1}{2}D\gamma_x v_x, -\gamma_x\gamma_y t^H v_x + \frac{1}{2}D\gamma_x, \gamma_y t^H v_y\right)$$

$$\left(\gamma_x\gamma_y t^H + \frac{1}{2}D\gamma_x v_x, -\gamma_x\gamma_y t^H v_x - \frac{1}{2}D\gamma_x, \gamma_y t^H v_y\right)$$

APPENDIX

付　　　録

A　ベクトル演算の公式

本文で利用したベクトル演算の公式をまとめておきます。

A.1　ベクトルの外積

外積の定義から導かれる三つの公式

$$\mathbf{A} \cdot (\mathbf{B} \times \mathbf{C}) = \mathbf{B} \cdot (\mathbf{C} \times \mathbf{A}) = \mathbf{C} \cdot (\mathbf{A} \times \mathbf{B})$$

$$\mathbf{A} \times (\mathbf{B} \times \mathbf{C}) = (\mathbf{A} \cdot \mathbf{C}) \mathbf{B} - (\mathbf{A} \cdot \mathbf{B}) \mathbf{C} \tag{A.1}$$

$$\mathbf{A} \times (\mathbf{B} \times \mathbf{C}) + \mathbf{B} \times (\mathbf{C} \times \mathbf{A}) + \mathbf{C} \times (\mathbf{A} \times \mathbf{B}) = \mathbf{0}$$

はよく使われます。

公式に現れるベクトルの一つが外積微分（$\nabla\times$）である場合には、

$$\nabla \times (\mathbf{A} \times \mathbf{B}) = + (\nabla \cdot \mathbf{B}) \mathbf{A} + (\mathbf{B} \cdot \nabla) \mathbf{A} - (\nabla \cdot \mathbf{A}) \mathbf{B} - (\mathbf{A} \cdot \nabla) \mathbf{B} \tag{A.2}$$

というように、関数の積についての分配法則と組み合わせる必要があります。

これを使うと、$\mathbf{v}$ が定ベクトルである場合には、

$$\nabla \times (\mathbf{v} \times \mathbf{B}) = + (\nabla \cdot \mathbf{B}) \mathbf{v} - (\mathbf{v} \cdot \nabla) \mathbf{B} \tag{A.3}$$

となります。これから、ガリレイ変換での時間微分についての変換式が、

$$\begin{aligned}
\frac{\partial \mathbf{B}}{\partial t'} &= \frac{\partial \mathbf{B}}{\partial t} + (\mathbf{v} \cdot \nabla) \mathbf{B}, \\
&= \frac{\partial \mathbf{B}}{\partial t} - \nabla \times (\mathbf{v} \times \mathbf{B}) + \mathbf{v} (\nabla \cdot \mathbf{B})
\end{aligned} \tag{A.4}$$

と導かれます。

A.2 微分演算子

ベクトルの微分演算の定義は以下のようになっています。

$$\boldsymbol{\nabla} f = \operatorname{grad} f = \left(\frac{\partial f}{\partial x}, \frac{\partial f}{\partial y}, \frac{\partial f}{\partial z} \right)$$

$$\boldsymbol{\nabla} \cdot \mathbf{A} = \operatorname{div} \mathbf{A} = \frac{\partial A_x}{\partial x} + \frac{\partial A_y}{\partial y} + \frac{\partial A_z}{\partial z}$$

$$\boldsymbol{\nabla} \times \mathbf{B} = \operatorname{rot} \mathbf{B} = \left(\frac{\partial B_z}{\partial y} - \frac{\partial B_y}{\partial z}, \frac{\partial B_x}{\partial z} - \frac{\partial B_z}{\partial x}, \frac{\partial B_y}{\partial x} - \frac{\partial B_x}{\partial y} \right)$$

$$\boldsymbol{\nabla} \times \boldsymbol{\nabla} \times \mathbf{A} = \operatorname{rot} \operatorname{rot} \mathbf{A} = \boldsymbol{\nabla} \left(\boldsymbol{\nabla} \cdot \mathbf{A} \right) - \left(\boldsymbol{\nabla} \cdot \boldsymbol{\nabla} \right) \mathbf{A} = \operatorname{grad} \operatorname{div} \mathbf{A} - \nabla^2 \mathbf{A}$$

$$(\text{A.5})$$

B　SageManifold/SageMath

この節ではフリーの数式処理システムの SageMath とその中の標準ライブラリの一つ SageManifolds を紹介します。

SageMath:　フリーソフトとして配布されている数式処理システムです。後述の Jupyter/JupyterLab を用いることで、数式処理システムとして著名な Mathematica に似た、Notebook 形式の書類を利用できます。

SageManifolds:　SageMath に標準モジュールの一つで、多様体についての機能を提供します。一般相対性理論は 4 次元の多様体として時空を取り扱います。特殊相対性理論は一般相対性理論の特殊な場合ですから SageManifold を特殊相対性理論で必要となる様々な計算に応用することができます。

本文中のヒントで例示したように、物理学の学習にも有効に利用可能だと思います。

Jupyter/JupyterLab:　Notebook 形式のユーザーインタフェースを持つプログラム開発環境です（図 B.1）。Python を使って開発されていますが、Python 以外の言語も数多くサポートしています。SageMath もその一つ。JupyterLab は次世代の Jupyter と呼ばれる Jupyter の次期バー

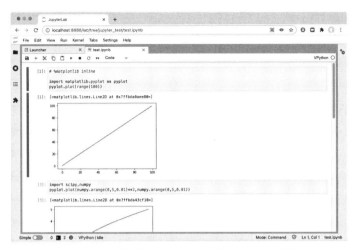

図 B.1　JupyterLabの使用例。Pythonプログラムを編集／実行しています。

ジョンです。編集機能が強化され、より使いやすい環境となっています。

B.1　SageMath/SageManifolds/Jupyter/JupyterLabの入手

SageMath は SageMath Web サイト（https://www.sagemath.org/）から無償でダウンロードできます（図B.2）。最新版をダウンロードしてインストールしましょう。SageManifolds/Jupyter/JupyterLab は SageMath の配布物に含まれているので、別途ダウンロードの必要はありません。"Sage on CoCalc" を利用して、SageMath/SageManifolds をインストール作業なしで SageMath を試すことも可能となっています。

SageMath の使い方については、Sage ガイドツアー（https://doc.sagemath.org/pdf/ja/a_tour_of_sage/a_tour_of_sage.pdf）や Sage チュートリアル（https://doc.sagemath.org/pdf/ja/tutorial/tutorial-jp.pdf）が参考になるでしょう。

SageManifolds については、SageManifolds ドキュメント（https://sagemanifolds.obspm.fr/documentation.html）があります。また、SageManifolds の開発者である Éric Gourgoulhon 氏による General Relativity computation with SageManiforlds（https://indico.cern.ch/event/

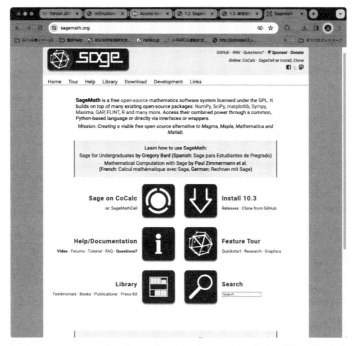

図 B.2 SageMath のホームページ。インストールボタンから最新版のバイナリをダウンロードしてインストールします。

505595/contributions/1183667/attachments/1332615/2003436/sagemanifolds_EricGourgoulhon.pdf）など多くの資料が Web 上で公開されています。

C 練習課題

1. ローレンツ変換を用いて、特殊相対性理論の「ローレンツ収縮」と「時間の遅れ」を説明しなさい。
2. z 方向に一様な磁場 $\mathbf{B} = B_0 \mathbf{e}_z$ が存在する時、静止質量 m_0、荷電 q を持つ質点の x–y 平面内の運動は円運動となることを、相対論的運動方程式を基に示しなさい。また、この時、質点の速度 v は、磁場の強さ B_0、

180　・　APPENDIX　・　付録

円運動の半径 R の値にかかわらず、光速度 c を超えないことを示しなさい。

C.1　練習課題のヒント

練習課題 1：　ローレンツ変換を用いて、特殊相対性理論の「ローレンツ収縮」と「時間の遅れ」を説明しなさい。

お互いに一定速度 v で運動している二つの慣性系、(x, t) および (x', t') は特殊ローレンツ変換：

$$\begin{cases} x' = \gamma\,(x - \beta ct) \\ t' = \gamma\,(t - \beta x/c) \end{cases}$$

$$\begin{cases} x = \gamma\,(x' + \beta ct') \\ t = \gamma\,(t' + \beta x'/c) \end{cases} \tag{C.1}$$

$$\text{ここで、}\quad \beta = \frac{v}{c}, \gamma = \frac{1}{\sqrt{1 - \beta^2}}$$

で関係づけられます。時計の遅れは、例えば、原点に置かれた時計の進み $\Delta t'$ をもう一方の系で観測すると、観測系では、時計の位置は $x = vt$ と観測されます。この時、時計の静止系での時刻は、

$$t' = \gamma\left(t - \frac{v}{c^2}x\right) = \gamma\left(1 - \frac{v^2}{c^2}\right)t$$
$$= \sqrt{1 - \frac{v^2}{c^2}}\,t < t$$

を示しています。

ローレンツ収縮についても、速度 v で移動している系に固定された長さ L の両端 $x_{L/R} = \mp\frac{L}{2}$ の観測系での、ある時刻 t' での座標は、

$$\begin{cases} x'_{L/R} = \gamma\,(x_{L/R} - \beta t_{L/R}) \\ t' = \gamma\left(t_{L/R} - \frac{v}{c^2}x_{L/R}\right) \end{cases}$$

となりますから、

$$0 = \gamma\left((t_L - t_R) - \frac{v}{c^2}(x_L - x_R)\right)$$

が成り立ちます。これより

$$L' \equiv (x'_L - x'_R) = \gamma\left((x_L - x_R) - \beta(t_L - t_R)\right)$$
$$= \gamma\left(1 - \frac{v^2}{c^2}\right)L = \sqrt{1 - \frac{v^2}{c^2}}\,L < L$$

となってローレンツ収縮が導かれます。

練習課題 2： z 方向に一様な磁場 $\mathbf{B} = B_0\mathbf{e}_z$ が存在するとき、静止質量 m_0、荷電 q を持つ質点の x–y 平面内の運動は円運動となることを、相対論的運動方程式を基に示しなさい。また、この時、質点の速度 v は、磁場の強さ B_0、円運動の半径 R の値にかかわらず、光速度 c を超えないことを示しなさい。

磁場 $\mathbf{B} = B_0\mathbf{e}_z$ の中で運動する電荷 q を持つ荷電粒子に働くローレンツ力は、

$$\mathbf{f} = q\mathbf{u} \times \mathbf{B}$$

です。相対論的な運動方程式は、

$$\frac{d}{dt}\frac{m_0\mathbf{u}}{\sqrt{1 - \frac{\mathbf{u}^2}{c^2}}} = q\mathbf{u} \times \mathbf{B}$$

となります。この運動方程式の両辺と速度 $\mathbf{u}$ との内積を考えると、

$$\mathbf{u} \cdot \frac{d}{dt}\frac{m_0\mathbf{u}}{\sqrt{1 - \frac{\mathbf{u}^2}{c^2}}} = 0$$

から、

$$\frac{m_0}{\sqrt{(1 - \frac{\mathbf{u}^2}{c^2})^3}}\mathbf{u} \cdot \frac{d\mathbf{u}}{dt} = 0$$

となり、$\mathbf{u}^2$ は一定であることがわかります。$m = \frac{m_0}{\sqrt{1 - \frac{\mathbf{u}^2}{c^2}}}$ と書くことにします。さらに、$\omega = q\frac{B_0}{m}$ を導入すると、運動方程式は、

$$\frac{d\mathbf{u}}{dt} = \omega \mathbf{u} \times \mathbf{e}_z$$
$$= \omega \left(u_y, -u_x, 0 \right)$$

となります。この運動方程式の解は

$$\begin{cases} u_x = R\omega \sin \omega t \\ u_y = R\omega \cos \omega t \\ u_z = u_{z0} \end{cases}$$

$$\begin{cases} x = -R\cos \omega t + x_0 \\ y = R\sin \omega t + y_0 \\ z = u_{z0}t + z_0 \end{cases}$$

です。これから速度 $\mathbf{u}$ の大きさ u（の 2 乗）は：

$$u^2 = R^2\omega^2 + u_{z0}^2 = R^2 q^2 B_0^2 \frac{\left(1 - u^2/c^2\right)}{m_0^2} + u_{z0}^2$$
$$= \frac{u_{z0}^2 + R^2 \left(\frac{qB_0}{m_0}\right)^2}{1 + R^2 \left(\frac{qB_0}{m_0 c}\right)^2}$$

と求まります。$u_{z0}^2 < c^2$ を考慮すれば、

$$u_{z0}^2 \leq u^2 \leq c^2$$

ですから、回転の半径 R と磁場の強さ B_0 に関係なく、速度の絶対値は光速度 c を超えることがないと結論できます。

BIBLIOGRAPHY
参 考 文 献

[1] Albert Einstein. "Zur Elektrodynamik bewegter Körper". *Annalen der Physik*, 17:891–921, 1905. DOI: `10.1002/andp.19053221004`

[2] Lochlainn O'Raifeartaigh. *The Dawning of Gauge Theory* (Princeton Series in Physics). Princeton, Princeton University Press, 1997. DOI: `10.2307/j.ctv10vm2qt`

[3] Éric Gourgoulhon. *Special Relativity in General Frames: From Particles to Astrophysics* (Graduate Texts in Physics). Berlin, Springer Berlin Heidelberg, 2013. DOI: `10.1007/978-3-642-37276-6`

[4] James Clerk Maxwell. "A Dynamical Theory of the Electromagnetic Field". *Philosophical Transactions of the Royal Society of London*, 155:459–512, 1865. DOI: `10.5479/sil.423156.39088007130693`

[5] 国立研究開発法人 産業技術総合研究所 計量標準総合センター.「国際単位系（SI）」. URL: `https://unit.aist.go.jp/nmij/library/si-units/`（2024年3月23日閲覧）

[6] Albert Einstein. *Über die spezielle und die allgemeine Relativitätstheorie, gemeinverständlich*. Braunschweig, Vieweg & Sohn, 1917. (English translation: Albert Einstein. *Relativity: The Special and General Theory*. Trans. by Robert W. Lawson. New York, Henry Holt & Company, 1920 [15th ed., 1952].)

[7] 砂川重信.『理論電磁気学（第3版）』. 東京, 紀伊國屋書店, 1999.

[8] James D. Bjorken and Sidney D. Drell. *Relativistic Quantum Fields*. New York, McGraw-Hill, 1965.

[9] Howard P. Robertson. "Postulate versus Observation in the Special Theory of Relativity". *Reviews of Modern Physics*, 21:378–382, 1949. DOI: `10.1103/RevModPhys.21.378`

[10] Albert Einstein. *The Meaning of Relativity: Including the Relativistic Theory of the Non-Symmetric Field*, 5th ed. Princeton, Princeton University Press, 1955.

[11] アインシュタイン.『相対論の意味——附：非対称場の相対論』. 矢野健太郎（訳）. 東京, 岩波書店, 1958.

[12] Wolfgang Pauli. *Relativitätstheorie*. Wiesbaden, Teubner Verlag, 1921.［邦訳：W. パウリ.『相対性理論』. 内山龍雄（訳）. 東京, 講談社, 1974.］

[13] Lev D. Landau and Evgeny M. Lifshitz. *The Classical Theory of Fields*

(Course of Theoretical Physics, vol. 2), 1st ed. Boston, Addison-Wesley, 1951; 4th ed. Oxford, Butterworth-Heinemann, 1975.

[14] エリ・デ・ランダウ, イェ・エム・リフシッツ.『場の古典論——電気力学、特殊および一般相対性理論（原書第6版）』（ランダウ＝リフシッツ理論物理学教程）. 恒藤敏彦, 広重徹（訳）. 東京, 東京図書, 1973（ソフトカバー新装版, 2022）.

[15] Galina Weinstein. "Einstein's Clocks and Langevin's Twins". arXiv preprint arXiv:1205.0922, 2012. DOI: 10.48550/arXiv.1205.0922

INDEX
索 引

● あ行 ●

アインシュタイン、アルベルト ―――― 1
アインシュタインの規約 ―――――――― 36
アンペール、アンドレ・マリ ―――――― 8
アンペールの力 ――――――――――――― 8
アンペールの法則 ―――――――――――― 1
アンペール-マクスウェルの関係式 ―――― 8
エネルギー・運動量テンソル ――――― 69

● か行 ●

ガウスの法則 ――――――――――――― 1, 6
ガリレイ変換 ――――――――――――― 17
完全反対称テンソル ―――――――――― 62
共変性 ――――――――――――――――― 16
共変ベクトル ――――――――――――― 36
グリーン関数 ―――――――――――― 138
クーロンの法則 ―――――――――――― 7
ケネディ、ロイ ―――――――――――― 90
ケネディ-ソーンダイク実験 ―――――― 90
光速度 ――――――――――――――――― 6
光速度不変の原理 ―――――――――― 1, 21
固有時 ――――――――――――――――― 96
固有質量 ――――――――――――――― 99

● さ行 ●

最小作用の原理 ―――――――――――― 111
作用積分 ―――――――――――――――― 111
磁化 ――――――――――――――――――― 73
磁気双極子モーメント ―――――――――― 77
磁束密度 ―――――――――――――――― 40
磁場 ―――――――――――――――――― 5, 40

● た行 ●

真空中のマクスウェル方程式 ――――――― 5
真空の透磁率 ――――――――――――――― 6
真空の誘電率 ――――――――――――――― 6
スカラーポテンシャル ――――――――― 41
静止質量 ――――――――――――――――― 99
正準運動量 ――――――――――――――― 118
相対性原理 ――――――――――――――― 21
速度の合成 ――――――――――――――― 34
ソーンダイク、エドワード ――――――― 90

● た行 ●

ダランベール演算子 ――――――――― 106
ディラックのデルタ関数 ―――――――― 57
電荷 ――――――――――――――――――― 5
電荷の保存則 ――――――――――――――― 7
電気双極子モーメント ―――――――――― 75
電気分極 ――――――――――――――――― 73
電磁場 ―――――――――――――――――― 5
電束密度 ――――――――――――――――― 40
テンソル ――――――――――――――――― 38
電場 ――――――――――――――――――― 5, 40
電流 ――――――――――――――――――― 5
同時の相対性 ―――――――――――――― 29
透磁率 ――――――――――――――――― 68
特殊相対性原理 ――――――――――――― 1, 21
特殊ローレンツ変換 ――――――――――― 23
時計の遅れ ――――――――――――――― 33
ドップラー効果 ―――――――――――― 88

● な・は行 ●

ネーターの定理 ――――――――――― 115
ハミルトン形式 ――――――――――― 110

反変ベクトル —————— 35
ファラデーの電磁誘導の法則 ———— 1, 9
フィゾー、アルマン —————— 86
フィゾーの実験 —————— 86
双子のパラドックス —————— 149
物質中のマクスウェル方程式 —————— 78
ベクトルポテンシャル —————— 41
ヘルツ、ハインリッヒ・ルドルフ —————— 20
ヘルツの方程式 —————— 20
ポアソンの括弧式 —————— 119
棒と穴のパラドックス —————— 167

● ま行 ●

マイケルソン、アルバート —————— 90
マイケルソン-モーレー実験 —————— 90
マクスウェル、ジェームズ・クラーク —— 1
マクスウェル方程式 —————— 1, 5
ミンコフスキー、ヘルマン —————— 35
ミンコフスキー空間 —————— 35
モーレー、エドワード —————— 90

● や・ら行 ●

誘電率 —————— 68
横ドップラー効果 —————— 90
4元速度 —————— 97
4元ベクトル —————— 36
4元ベクトルポテンシャル —————— 41
ラグランジュ形式 —————— 110
ラグランジュの未定乗数法 —————— 129
ランジュバンの旅行者 —————— 149
リエナール-ウィーヘルトポテンシャル
—————— 137, 144

ルジャンドル変換 —————— 118, 133
連続方程式 —————— 7
ローレンツ、ヘンドリック・アントン —— 23
ローレンツゲージ条件 —————— 106
ローレンツ収縮 —————— 31
ローレンツ変換 —————— 23

著者紹介

やまもと のぼる
山本 昇

1955 年兵庫県神戸市出身。大阪大学大学院理学研究科修了、理学博士。大阪大学 湯川奨学生、日本学術振興会 奨励研究員、カナダ・アルバータ州立アルバータ大学理学部 博士研究員などを経て、2019 年に高エネルギー加速器研究機構 加速器研究施設 教授を退職。同機構名誉教授。現在（2024 年）も同施設 非常勤研究員として研究活動を続けている。

NDC421　199p　　21cm

にゅうもん　　げんだい そうたいせいりろん　でんじきがく ていしきか
入 門　現代の相対性理論　電磁気学の定式化からのアプローチ

2024 年 9 月 4 日　　　第 1 刷発行

やまもと　のぼる
著　者　山本　昇

発行者　森田浩章

発行所　株式会社 講談社
　　　　〒 112-8001　東京都文京区音羽 2-12-21
　　　　　　　販売　（03）5395-4415
　　　　　　　業務　（03）5395-3615

編　集　株式会社 講談社サイエンティフィク
　　　　代表 堀越俊一
　　　　〒 162-0825　東京都新宿区神楽坂 2-14　ノービィビル
　　　　　　　編集　（03）3235-3701

印刷所　株式会社ＫＰＳプロダクツ

製本所　大口製本印刷株式会社

落丁本・乱丁本は、購入書店名を明記のうえ、講談社業務宛にお送りください。送料小社負担にてお取替えします。なお、この本の内容についてのお問い合わせは、講談社サイエンティフィク宛にお願いいたします。定価はカバーに表示してあります。

Ⓒ Noboru Yamamoto, 2024

本書のコピー、スキャン、デジタル化等の無断複製は著作権法上での例外を除き禁じられています。本書を代行業者等の第三者に依頼してスキャンやデジタル化することはたとえ個人や家庭内の利用でも著作権法違反です。

JCOPY　〈（社）出版者著作権管理機構 委託出版物〉

複写される場合は、その都度事前に（社）出版者著作権管理機構（電話 03-5244-5088, FAX 03-5244-5089, e-mail: info@jcopy.or.jp）の許諾を得てください。

Printed in Japan

ISBN978-4-06-537036-0

講談社の自然科学書

なっとくシリーズ

新装版　なっとくする物理数学	都筑卓司・著	定価 2,200 円
新装版　なっとくする量子力学	都筑卓司・著	定価 2,200 円
なっとくする群・環・体	野﨑昭弘・著	定価 2,970 円
なっとくする微分方程式	小寺平治・著	定価 2,970 円
なっとくする行列・ベクトル	川久保勝夫・著	定価 2,970 円
なっとくするフーリエ変換	小暮陽三・著	定価 2,970 円
なっとくする演習・熱力学	小暮陽三・著	定価 2,970 円

ゼロから学ぶシリーズ

ゼロから学ぶ量子力学	竹内薫・著	定価 2,750 円
ゼロから学ぶ統計力学	加藤岳生・著	定価 2,750 円
ゼロから学ぶ解析力学	西野友年・著	定価 2,750 円
ゼロから学ぶ微分積分	小島寛之・著	定価 2,750 円
ゼロから学ぶ線形代数	小島寛之・著	定価 2,750 円
ゼロから学ぶベクトル解析	西野友年・著	定価 2,750 円
ゼロから学ぶ統計解析	小寺平治・著	定価 2,750 円

今度こそわかるシリーズ

今度こそわかるガロア理論	芳沢光雄・著	定価 3,190 円
今度こそわかる重力理論	和田純夫・著	定価 3,960 円
今度こそわかる量子コンピューター	西野友年・著	定価 3,190 円
今度こそわかるくりこみ理論	園田英徳・著	定価 3,080 円
今度こそわかる場の理論	西野友年・著	定価 3,190 円

単位が取れるシリーズ

単位が取れる力学ノート	橋元淳一郎・著	定価 2,640 円
単位が取れる電磁気学ノート	橋元淳一郎・著	定価 2,860 円
単位が取れる熱力学ノート	橋元淳一郎・著	定価 2,640 円
単位が取れる量子力学ノート	橋元淳一郎・著	定価 3,080 円
単位が取れる解析力学ノート	橋元淳一郎・著	定価 2,640 円
単位が取れる流体力学ノート	武居昌宏・著	定価 3,080 円
単位が取れる電気回路ノート	田原真人・著	定価 2,860 円

※表示価格には消費税（10%）が加算されています。　　「2024 年 9 月現在」

講談社サイエンティフィク　https://www.kspub.co.jp/

講談社の自然科学書

データサイエンス入門シリーズ

教養としてのデータサイエンス	北川源四郎／竹村彰通・編	定価 1,980 円
応用基礎としてのデータサイエンス	北川源四郎／竹村彰通・編	定価 2,860 円
データサイエンスのための数学	椎名洋／姫野哲人／保科架風・著　清水昌平・編	定価 3,080 円
データサイエンスの基礎	濵田悦生・著　狩野裕・編	定価 2,420 円
統計モデルと推測	松井秀俊／小泉和之・著　竹村彰通・編	定価 2,640 円
Python で学ぶアルゴリズムとデータ構造	辻真吾・著　下平英寿・編	定価 2,640 円
R で学ぶ統計的データ解析	林賢一・著　下平英寿・編	定価 3,300 円
データサイエンスのためのデータベース	吉岡真治／村井哲也・著　水田正弘・編	定価 2,860 円
最適化手法入門	寒野善博・著　駒木文保・編	定価 2,640 円
スパース回帰分析とパターン認識	梅津佑太／西井龍映／上田勇祐・著	定価 2,860 円
モンテカルロ統計計算	鎌谷研吾・著　駒木文保・編	定価 2,860 円
テキスト・画像・音声データ分析	西川仁／佐藤智和／市川治・著　清水昌平・編	定価 3,080 円

絵でわかるシリーズ

絵でわかる物理学の歴史	並木雅俊・著	定価 2,420 円
絵でわかるミクロ経済学	茂木喜久雄・著	定価 2,420 円
絵でわかるマクロ経済学	茂木喜久雄・著	定価 2,420 円
絵でわかるロボットのしくみ	瀬戸文美・著　平田泰久・監修	定価 2,420 円
絵でわかるサイバーセキュリティ	岡嶋裕史・著	定価 2,420 円
絵でわかるネットワーク	岡嶋裕史・著	定価 2,420 円
絵でわかる宇宙開発の技術	藤井孝藏／並木道義・著	定価 2,420 円
絵でわかる宇宙地球科学	寺田健太郎・著	定価 2,420 円
絵でわかる宇宙の誕生	福江純・著	定価 2,420 円
絵でわかるプレートテクトニクス　地球進化の謎に挑む	是永淳・著	定価 2,420 円
絵でわかる地球温暖化	渡部雅浩・著	定価 2,420 円
絵でわかる地震の科学	井出哲・著	定価 2,420 円
絵でわかる世界の地形・岩石・絶景	藤岡達也・著	定価 2,420 円
絵でわかる日本列島の地震・噴火・異常気象	藤岡達也・著	定価 2,420 円
絵でわかる日本列島の地形・地質・岩石	藤岡達也・著	定価 2,420 円
新版　絵でわかる日本列島の誕生	堤之恭・著	定価 2,530 円

※表示価格には消費税（10%）が加算されています。　　　　　「2024 年 9 月現在」

講談社サイエンティフィク　https://www.kspub.co.jp/

講談社の自然科学書

機械学習プロフェッショナルシリーズ

ベイズ深層学習	須山敦志・著	定価 3,300 円
強化学習	森村哲郎・著	定価 3,300 円
ガウス過程と機械学習	持橋大地／大羽成征・著	定価 3,300 円
音声認識	篠田浩一・著	定価 3,080 円
深層学習による自然言語処理	坪井祐太／海野裕也／鈴木潤・著	定価 3,300 円
画像認識	原田達也・著	定価 3,300 円
統計的因果探索	清水昌平・著	定価 3,080 円
機械学習のための連続最適化	金森敬文／鈴木大慈／竹内一郎／佐藤一誠・著	定価 3,520 円
オンライン予測	畑埜晃平／瀧本英二・著	定価 3,080 円
関係データ学習	石黒勝彦／林浩平・著	定価 3,080 円
データ解析におけるプライバシー保護	佐久間淳・著	定価 3,300 円
ウェブデータの機械学習	ダヌシカ ボレガラ／岡﨑直観／前原貴憲・著	定価 3,080 円
バンディット問題の理論とアルゴリズム	本多淳也／中村篤祥・著	定価 3,080 円
グラフィカルモデル	渡辺有祐・著	定価 3,080 円
ヒューマンコンピュテーションとクラウドソーシング	鹿島久嗣／小山聡／馬場雪乃・著	定価 2,640 円
ノンパラメトリックベイズ	佐藤一誠・著	定価 3,080 円
変分ベイズ学習	中島伸一・著	定価 3,080 円
スパース性に基づく機械学習	冨岡亮太・著	定価 3,080 円
生命情報処理における機械学習	瀬々潤／浜田道昭・著	定価 3,080 円
劣モジュラ最適化と機械学習	河原吉伸／永野清仁・著	定価 3,080 円
統計的学習理論	金森敬文・著	定価 3,080 円
確率的最適化	鈴木大慈・著	定価 3,080 円
異常検知と変化検知	井手剛／杉山将・著	定価 3,080 円
サポートベクトルマシン	竹内一郎／烏山昌幸・著	定価 3,080 円
機械学習のための確率と統計	杉山将・著	定価 2,640 円
深層学習　改訂第 2 版	岡谷貴之・著	定価 3,300 円
オンライン機械学習	海野裕也／岡野原大輔／得居誠也／徳永拓之・著	定価 3,080 円
トピックモデル	岩田具治・著	定価 3,080 円
機械学習工学	石川冬樹／丸山宏・編著 柿沼太一／竹内広宜／土橋昌／中川裕志／原聡／堀内新吾／鷲崎弘宜・著	定価 3,300 円

※表示価格には消費税（10%）が加算されています。 「2024 年 9 月現在」

講談社サイエンティフィク https://www.kspub.co.jp/

講談社の自然科学書

グラフニューラルネットワーク	佐藤竜馬・著	定価 3,300 円
転移学習　松井孝太／熊谷亘・著		定価 3,740 円
最適輸送の理論とアルゴリズム	佐藤竜馬・著	定価 3,300 円

機械学習スタートアップシリーズ

ゼロからつくる Python 機械学習プログラミング入門	八谷大岳・著	定価 3,300 円
Python で学ぶ強化学習　改訂第 2 版	久保隆宏・著	定価 3,080 円
ベイズ推論による機械学習入門	須山敦志・著　杉山将・監修	定価 3,080 円
これならわかる深層学習入門	瀧雅人・著	定価 3,300 円

イラストで学ぶシリーズ

イラストで学ぶ 制御工学	木野仁・著　谷口忠大・監修　峰岸桃・絵	定価 3,080 円
イラストで学ぶ 人工知能概論　改訂第 2 版	谷口忠大・著	定価 2,860 円
イラストで学ぶ 認知科学	北原義典・著	定価 3,080 円
イラストで学ぶ 離散数学	伊藤大雄・著	定価 2,420 円
イラストで学ぶ ヒューマンインタフェース　改訂第 2 版	北原義典・著	定価 2,860 円
イラストで学ぶ ディープラーニング　改訂第 2 版	山下隆義・著	定価 2,860 円
イラストで学ぶ ロボット工学	木野仁・著　谷口忠大・監	定価 2,860 円
イラストで学ぶ 音声認識	荒木雅弘・著	定価 2,860 円
イラストで学ぶ 機械学習 最小二乗法による識別モデル学習を中心に	杉山将・著	定価 3,080 円
イラストで学ぶ 情報理論の考え方	植松友彦・著	定価 2,640 円
ゼロから学ぶ Python プログラミング	渡辺宙志・著	定価 2,640 円
ゼロから学ぶ Git/GitHub	渡辺宙志・著	定価 2,640 円
ゼロから学ぶ Rust	高野祐輝・著	定価 3,520 円
Python で学ぶ実験計画法入門	金子弘昌・著	定価 3,300 円
Python ではじめるベイズ機械学習入門	森賀新／木田悠歩／須山敦志・著	定価 3,080 円
Python でスラスラわかるベイズ統計「超」入門	赤石雅典・著　須山敦志・監修	定価 3,080 円
意思決定分析と予測の活用　基礎理論から Python 実装まで	馬場真哉・著	定価 3,520 円
問題解決力を鍛える！アルゴリズムとデータ構造	大槻兼資・著　秋葉拓哉・監修	定価 3,300 円
例にもとづく情報理論入門	大石進一・著	定価 2,350 円
GPU プログラミング入門　CUDA5 による実装	伊藤智義・編	定価 3,080 円
Processing による CG とメディアアート	近藤邦雄／田所淳・編	定価 3,520 円

※表示価格には消費税（10%）が加算されています。　　　　「2024 年 9 月現在」

講談社サイエンティフィク　https://www.kspub.co.jp/

講談社の自然科学書

入門 現代の力学　物理学のはじめの一歩として	井田大輔・著	定価 2,860 円
入門 現代の電磁気学　特殊相対論を原点として	駒宮幸男・著	定価 2,970 円
入門 現代の量子力学　量子情報・量子測定を中心として	堀田昌寛・著	定価 3,300 円
入門 現代の宇宙論　インフレーションから暗黒エネルギーまで	辻川信二・著	定価 3,520 円
基礎から学ぶ宇宙の科学　現代天文学への招待	二間瀬敏史・著	定価 3,080 円
宇宙地球科学　佐藤文衛／綱川秀夫・著		定価 4,180 円
宇宙を統べる方程式　高校数学からの宇宙論入門	吉田伸夫・著	定価 2,970 円
明解 量子重力理論入門　吉田伸夫・著		定価 3,300 円
明解 量子宇宙論入門　吉田伸夫・著		定価 4,180 円
完全独習 相対性理論　吉田伸夫・著		定価 3,960 円
完全独習 現代の宇宙物理学　福江純・著		定価 4,620 円
熱力学・統計力学　熱をめぐる諸相　高橋和孝・著		定価 5,500 円
基礎量子力学　猪木慶治／川合光・著		定価 3,850 円
量子力学 I　猪木慶治／川合光・著		定価 5,126 円
量子力学 II　猪木慶治／川合光・著		定価 5,126 円
非エルミート量子力学　羽田野直道／井村健一郎・著		定価 3,960 円
共形場理論入門　基礎からホログラフィへの道	疋田泰章・著	定価 4,400 円
マーティン／ショー 素粒子物理学　原著第 4 版	B. R. マーティン／G. ショー・著	
駒宮幸男／川越清以・監訳　吉岡瑞樹／神谷好郎／織田勧／末原大幹・訳		定価 13,200 円
古典場から量子場への道　増補第 2 版　高橋康／表實・著		定価 3,520 円
量子力学を学ぶための解析力学入門　増補第 2 版　高橋康・著		定価 2,420 円
量子場を学ぶための場の解析力学入門　増補第 2 版　高橋康／柏太郎・著		定価 2,970 円
新装版 統計力学入門　愚問からのアプローチ　高橋康・著　柏太郎・解説		定価 3,520 円
量子電磁力学を学ぶための電磁気学入門　高橋康・著　柏太郎・解説		定価 3,960 円
物理数学ノート 新装合本版　高橋康・著		定価 3,520 円
初等相対性理論 新装版　高橋康・著		定価 3,300 円
入門講義 量子コンピュータ　渡邊靖志・著		定価 3,300 円
入門講義 量子論　渡邊靖志・著		定価 2,970 円
1 週間で学べる！Julia 数値計算プログラミング	永井佑紀・著	定価 3,300 円
Python でしっかり学ぶ線形代数　行列の基礎から特異値分解まで	神永正博・著	定価 2,860 円

※表示価格には消費税（10%）が加算されています。　　　　　「2024 年 9 月現在」

講談社サイエンティフィク　https://www.kspub.co.jp/

講談社の自然科学書

ライブ講義 大学1年生のための力学入門 物理学の考え方を学ぶために	奈佐原顕郎・著	定価 2,860 円
ライブ講義 大学1年生のための数学入門	奈佐原顕郎・著	定価 3,190 円
ライブ講義 大学生のための応用数学入門	奈佐原顕郎・著	定価 3,190 円
線形性・固有値・テンソル	原啓介・著	定価 3,080 円
測度・確率・ルベーグ積分	原啓介・著	定価 3,080 円
集合・位相・圏	原啓介・著	定価 2,860 円
新版 集合と位相 そのまま使える答えの書き方	一樂重雄・監修	定価 2,420 円
微積分と集合 そのまま使える答えの書き方	飯高茂・監修	定価 2,200 円
ディープラーニングと物理学	田中章詞／富谷昭夫／橋本幸士・著	定価 3,520 円
これならわかる機械学習入門	富谷昭夫・著	定価 2,640 円
物理のためのデータサイエンス入門	植村誠・著	定価 2,860 円
やさしい信号処理 原理から応用まで	三谷政昭・著	定価 3,740 円
トポロジカル絶縁体入門	安藤陽一・著	定価 3,960 円
スピントロニクスの基礎と応用 理論、モデル、デバイス		
T. Blachowicz／A. Ehrmann・著 塩見雄毅・訳		定価 5,500 円
初歩から学ぶ固体物理学	矢口裕之・著	定価 3960 円
密度汎関数法の基礎	常田貴夫・著	定価 6,050 円
スピンと軌道の電子論	楠瀬博明・著	定価 4,180 円
工学系のためのレーザー物理入門	三沢和彦／芦原聡・著	定価 3,960 円
物質・材料研究のための透過電子顕微鏡	木本浩司／三石和貴／三留正則／原徹／長井拓郎・著	定価 5,500 円
プラズモニクス 基礎と応用	岡本隆之／梶川浩太郎・著	定価 5,390 円
新版 X線反射率法入門	桜井健次・編著	定価 6,930 円
X線物理学の基礎	J. Als-Nielsen／D. McMorrow・著 雨宮慶幸／高橋敏男／百生敦・監訳	定価 7,700 円
XAFSの基礎と応用	日本XAFS研究会・編	定価 5,060 円
はじめての光学	川田善正・著	定価 3,080 円
医療系のための物理学入門	木下順二・著	定価 3,190 円
なぞとき 宇宙と元素の歴史	和南城伸也・著	定価 1,980 円
なぞとき 深海1万メートル	蒲生俊敬／窪川かおる・著	定価 1,980 円
超ひも理論をパパに習ってみた	橋本幸士・著	定価 1,650 円
「宇宙のすべてを支配する数式」をパパに習ってみた	橋本幸士・著	定価 1,650 円

※表示価格には消費税（10%）が加算されています。 「2024年9月現在」

講談社サイエンティフィク https://www.kspub.co.jp/

講談社の自然科学書

21世紀の新教科書シリーズ創刊！ **講談社創業100周年記念出版**

講談社 基礎物理学シリーズ 全12巻

◎ 「高校復習レベルからの出発」と
「物理の本質的な理解」を両立
◎ 独習も可能な「やさしい例題展開」方式
◎ 第一線級のフレッシュな執筆陣！
経験と信頼の編集陣！
◎ 講義に便利な「1章=1講義（90分）」
スタイル！

A5・各巻:199〜290頁
定価2,750〜3,080円（税込）

ノーベル物理学賞
益川敏英先生 推薦！

[シリーズ編集委員]
二宮 正夫 　京都大学基礎物理学研究所名誉教授　元日本物理学会会長　　並木 雅俊 　高千穂大学教授　日本物理学会理事
北原 和夫 　国際基督教大学教授　元日本物理学会会長　　　　　　　　　杉山 忠男 　河合塾物理科講師

0. 大学生のための物理入門
並木 雅俊・著
215頁・定価2,750円（税込）

1. 力　学
副島 雄児／杉山 忠男・著
232頁・定価2,750円（税込）

2. 振動・波動
長谷川 修司・著
253頁・定価2,860円（税込）

3. 熱 力 学
菊川 芳夫・著
206頁・定価2,750円（税込）

4. 電磁気学
横山 順一・著
290頁・定価3,080円（税込）

5. 解析力学
伊藤 克司・著
199頁・定価2,750円（税込）

6. 量子力学 I
原田 勲／杉山 忠男・著
223頁・定価2,750円（税込）

7. 量子力学 II
二宮 正夫／杉野 文彦／杉山 忠男・著
222頁・定価3,080円（税込）

8. 統計力学
北原 和夫／杉山 忠男・著
243頁・定価3,080円（税込）

9. 相対性理論
杉山 直・著
215頁・定価2,970円（税込）

10. 物理のための数学入門
二宮 正夫／並木 雅俊／杉山 忠男・著
266頁・定価3,080円（税込）

11. 現代物理学の世界
トップ研究者からのメッセージ
二宮 正夫・編　　202頁・定価2,750円（税込）

※表示価格には消費税（10％）が加算されています。　　「2024年9月現在」

講談社サイエンティフィク　https://www.kspub.co.jp/